点亮心灯，处处有通途；

坚守信念，行行能成功；

把对方向，梦想可成真；

提高境界，幸福来敲门。

▲ 中共广东省委、省人民政府公益讲坛“岭南大讲堂·文化论坛”主讲嘉宾陈进辉博士课后与听众亲切交流

▲ 陈进辉博士讲课现场照片

▲ 陈进辉博士在教师团队训练的现场做《快乐人生·幸福教师》主题讲座

▲ 省委领导来企业参观考察，合影留念

▼ 我为父母建的房子

▼ 我为父母和兄弟姐妹建的楼房

▲ 我为社会建的华强工业园

▲我为爱人、孩子建的别墅

思维类别
思维情感
思维境界
思维层次
思维时间
思维空间
思维角度
思维价值
快乐幸福程度
哲商 空灵 无我 顶层 跨时段 跨空间 跨时空 综效价值 美满
全纳 感恩 超我 高层 全时段 全部 全方位 全面价值 高
正向 积极 正我 上层 有效阶段 有效部位 正向角度 正效价值 上
多向 均衡 自我 中层 多时段 大部 多角度 多方价值 中
双向 功利 本我 下层 双时段 局部 双角度 功利价值 低
单向 消极 小我 底层 单阶段 单点 单角度 负效价值 差

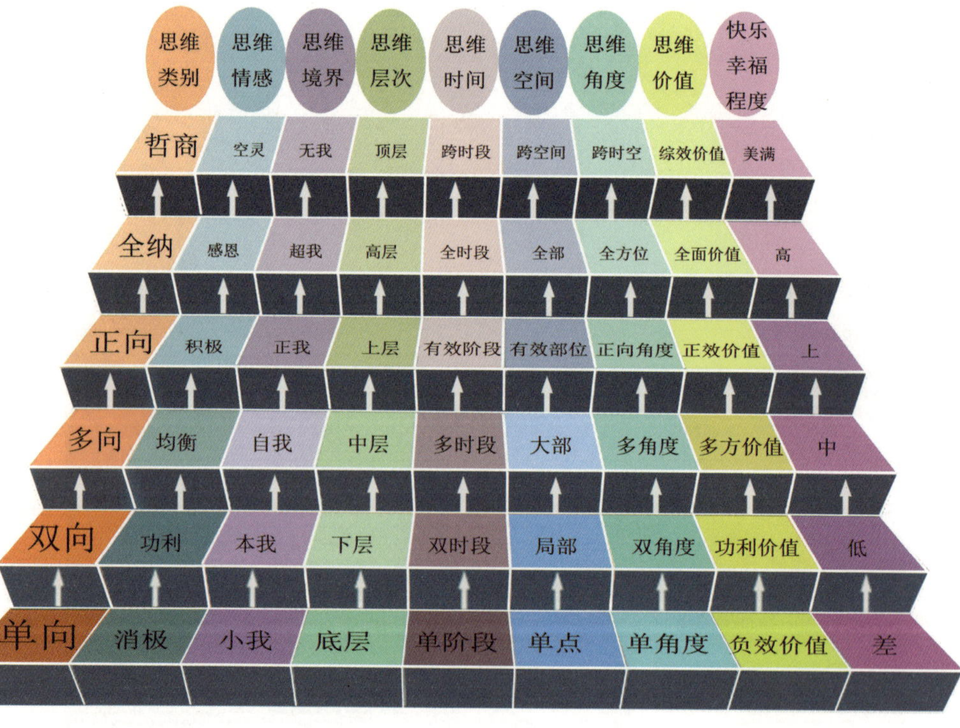

▲人生幸福密码图

<table>
<tr><th>生命轨迹</th><th>年龄阶段（岁）</th><th>成长阶段</th><th>成长时长</th><th>驾驶员的必备素质</th><th>行驶时长的影响因素</th><th>列车的乘客</th><th>沿途留下的价值意义</th></tr>
<tr><td>婴儿阶段</td><td>0~3</td><td rowspan="2">幼教阶段</td><td rowspan="2">2372 天</td><td rowspan="7">心态合格、思想合格、技术合格</td><td rowspan="7">行驶时间长：心存善念，仁德善行，身心健康；
行驶时间短：心存恶念，丑陋恶行，身病体弱</td><td rowspan="7">自己、父母、爱人、孩子、兄弟姐妹、老师、同学、领导、同事、朋友、工作伙伴等与自己有关系的人</td><td rowspan="7">积极的价值意义：美好光明，创造奉献，社会财富，希望美景，健康幸福；

消极的价值意义：丑恶黑暗，消极抱怨，阻碍混乱，破坏环境，疾病灾难</td></tr>
<tr><td>幼儿阶段</td><td>3~6.5</td></tr>
<tr><td>儿童阶段</td><td>6.5~12</td><td>小学阶段</td><td rowspan="3">正规学习时长为 29400 小时（除去节假日和睡觉、吃饭休闲时间）</td></tr>
<tr><td>少年阶段</td><td>12~18</td><td>中学阶段</td></tr>
<tr><td>青年阶段</td><td>18~22</td><td>大学阶段</td></tr>
<tr><td>壮年阶段</td><td>22~60</td><td>工作阶段</td><td>实际工作时长为 70128 小时（除去节假日和睡觉、吃饭休闲时间）</td></tr>
<tr><td>老年阶段</td><td>60~100岁</td><td>退休养老阶段</td><td></td></tr>
</table>

▲ 生命列车行驶轨迹

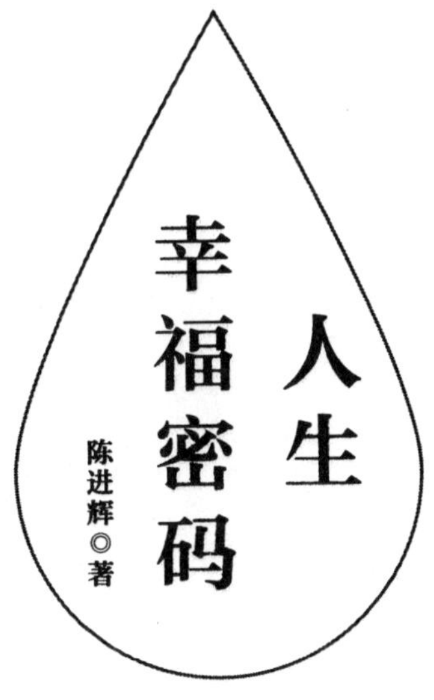

北京联合出版公司
Beijing United Publishing Co.,Ltd.

图书在版编目（CIP）数据

人生幸福密码 / 陈进辉著. -- 北京 : 北京联合出版公司，2017.10（2021.6重印）

ISBN 978-7-5596-0868-0

Ⅰ. ①人… Ⅱ. ①陈… Ⅲ. ①人生哲学—通俗读物 Ⅳ. ①B821-49

中国版本图书馆CIP数据核字（2017）第204708号

人生幸福密码
作　　者：陈进辉
选题策划：北京时代光华图书有限公司
责任编辑：龚　将　夏应鹏
特约编辑：何英娇
封面设计：新艺书文化
版式设计：新艺书文化

北京联合出版公司出版
（北京市西城区德外大街83号楼9层　100088）
北京联兴盛业印刷股份有限公司印刷　新华书店经销
字数189千字　787毫米×1092毫米　1/16　16.75印张
2017年10月第1版　2021年6月第4次印刷
ISBN 978-7-5596-0868-0
定价：98.00元

生命如水

——上善若水的感悟

■ 陈进辉

生命如水，哪一段都美。
你高涨时，我绝不低垂。
绕你而流，欣赏你的美妙。
仰望着你，让我身心陶醉。

生命如水，哪一段都美。
你低迷时，我绝不高窥。
向你涌来，绝不暴露你的缺陷。
同理之心，真诚包容你的隐晦。

生命如水，哪一段都美。
你宽阔时，我绝不窄兑。
涌动爱泉，滋润着你的心田。
形影相随，感恩宽容的心陲。

生命如水，哪一段都美。
你窄小时，我绝不宽背。
随你而流，演奏美妙的旋律。
因你而动，放飞心灵永相随。

生命如水，哪一段都美。
你弯曲时，我绝不直追。
随弯而流，喜迎曲折的挑战。
曼妙人生，欣赏曲径的柳翠。

生命如水，哪一段都美。
你笔直时，我绝不弯随。
随你直流，共唱和乐的欢歌。
满怀喜悦，共品和谐的韵味。

生命如水，哪一段都美。
你热烈时，我绝不冷对。
火热升温，我为你热血沸腾。
情感升华，真善美德喜相遂。

生命如水，哪一段都美。
你冰冷时，我绝不热吹。
贴紧身心，我们永不分离。
心心相印，享受静美的依偎。

目录

第二部

就业

第三部
创业

推荐序

陈进辉先生说过要为大学生写一本书，现在写成了。

作为企业家，他不但专注于经营运作，在市场化的大海里遨游；而且还钟情于教育，希望把自己成功和奋斗经历的感悟提炼出来，供年轻人借鉴。这本书，就是他半辈子做人、做事的感悟。

他是一个善良、热心的人。但凡在社会上或校园里遇到有难处的人，他都愿意倾情相助、尽力而为。尤为难能可贵的是，他助人、行事从来都低调不张扬。年轻人在婚姻、事业、工作上有困惑了，找到他，他都热情接待，循循善诱，帮助他们调整心态，转换角度看自己、看别人、看世界、看成功和挫折，进而从迷惘中得以解脱。

他还是一个充满智慧、心胸乐观豁达的人。在事业、工作、生活中，他都能以积极入世、乐观向上的精神去认知，寻求解决的最佳方法。心里有阳光，就能温暖一切。向社会传递正能量的人，自己也是正能量的受益者。

有人说，进寺院烧香拜佛者绝大多数都想从佛那里得到好处，比如升官、升学、发财、遇桃花运和身体健康长寿等等，很少有人许愿向佛学习乐于助人、普度众生的思想。陈进辉先生当属后一种人。他怀着感恩之心，去做自己认为应该做的事，去帮助自己认为应该帮助的人，又在做事帮人的过程中享受快乐。人生有许多种，最有意义的是助人乐己。人生的成功当然需要别人帮助，但主要是靠自己努力。希望从佛那里得到好处，只是一种美好的期待。现实生活中还需更多善者，能像佛那样帮助他人，特别是认知上的释疑解惑和心灵上的抚慰帮助。陈进辉先生就一直在做这样的事，写好这本书，也是其中一个成果。

守护善良的人，是能成正果的。祝愿陈进辉先生有更丰硕的成果。

是为序。

张宇航

中国作家协会会员、广东省作家协会散文创作委员会主任

自序

人生数十载，我快乐地度过了大半人生。我当过知青，接受了“上山下乡”的洗礼；当过教师，度过了一段教书育人的生涯；当过大学的后勤管理者，有过事务管理的锻炼；现在，作为企业人，我正经受着市场与社会的考验。对于如何走好人生路这个问题，我感悟良多，特别是在经营企业和从事教育培训事业期间，在多年来的招聘和培训大中专毕业生的过程中，我发现了一个很普遍的现象：不少人迷茫和困惑，缺乏人生目标，缺少职业规划，缺少责任意识与吃苦耐劳精神。因而频繁地跳槽，耗掉了大量的时间和青春，失去了很多积累经验和成长的宝贵机会，这让人深感惋惜。这种人即使找到了工作，也很难坚持下去。因此，我觉得有必要用自己半生的感悟写一本书，以引导人们特别是青年学生思考并明白：读书的真正意义是什么，工作的价值是什么，怎样才能成就事业，金钱背后有何意义。希望青年学生和在岗人员看了此书能够多问自己：“我能够为企业、单位做些什么？为社会创造什么？为民族、国家奉献什么？”而不仅仅是自己能获得什么。这对于青年学生和初入职场的人是非常有价值、有意义的。如果认真看完此书，好好感悟并且付诸行动，我相信这能帮助他们少走很多弯路。

促使我写这本书的另一个因素来自一位实习生。多年前有一位实习生到我单位仓库实习，干了一个星期他就想离开。我与他谈了三分钟，教了他三招，打消了他离开的念头直到实习期满。次年教师节，他发了一条信息给我，说他非常感谢我，说我是他职业生涯中最好的启蒙老师。多年后我再次被邀请参加广东农工商职业技术学院校庆。在庆典上，恰好又碰到了他。他紧握着我的手，激动万分地说，多年前我与他的三分钟谈话早已铭刻在他的心里，就像一盏明灯，一直在他心里亮着，对他人生的进步和发展产生了源源不断的动力。为此事我颇感欣慰。

三分钟的谈话尚且能够帮助一个人，如果把我的人生启悟整理成书，不就能帮助更多的青年学生和职场中的人了吗？于是我决定撰写此书，借以帮助更多的在校学生和已经进入职场的学生，让他们少走弯路，走出迷茫，减少失败，点亮心灯，温暖心房，开启生命，绽放光芒，让青年在人生职场道路上能够快速地成长、成才、成功。这是非常有价值的事，也是我对社会尽的一份责任。

本书中没有高深的理论，大部分内容是在我人生中和教育培训过程中碰到的各种各样的真实事情的归纳与总结，讲的多是些学习、工作、生活和培训交流的实例。在写作手法上只是毫无保留地直白道来，没有太多的字句篇章的谋划。希望看书的你能够用心去体悟，从中获得启迪，从中获得精神的食粮、心灵的营养。

撰写过程中，得到了社会各界人士和朋友们的无私帮助，在此深表谢意。

鉴于水平有限，请各位读者批评指正。

陈进辉

记于广州华强工业园

第一部

学业

学业之舟向何方？目标未明路迷茫。

真学假学先界定，为何而学细思量。

专为文凭学表象，仅为就业学专长。

若为事业勤修炼，德才兼修道领航。

学子之歌

风华正茂好时光，满载希望进殿堂；
感恩父母敬学业，报效祖国重担当。
方向不清心茫然，目标明确意志坚；
莫为文凭虚度日，要为事业勤钻研。
爱心做人道路宽，博学勤问思维广；
尊敬恩师多学识，热爱校园守规章。
莘莘学子同起步，百舸争流竞扬帆；
大浪淘沙心潮涌，生命华彩谱新篇。

学业生涯成功奥秘图

学习目的	学习境界	学习状态	学习效果	心里感受	成功程度
为国家为民族	高	主动积极	好	快乐	高
为工作为家庭	中	稍微认真	中	疲惫	中
为文凭而学	低	消极被动	差	痛苦	低

第一章　为何而学

子曰："学而不思则罔，思而不学则殆。"为什么要学习？为什么要上学？很多人没有很好地思考过。可能对很多学生来说，他们之所以学习，是因为家长和学校的要求。但是这并不是他们的真实需要，也不是源自内心的渴望。本章的目的就是想让学生们明白为何要学习。只有真正明白了学习的原因，才有源源不断的学习动力。

"学而优则仕"(《论语·子张》)是自古以来对学子的古训，尽管有其局限，但在人才竞争的社会可给人以启示。在科举时代，只要考取进士就有官做；在计划经济时代，只要大学一毕业就端上了铁饭碗；可现在是知识爆炸的信息时代，几乎所有人都需要竞争上岗。所以，很多大学生就业艰难，进而对学知识有何用这个问题感到困惑。

那么，就业的形势究竟如何呢？现代社会就像一条大河，河这边站满了急需人才的单位，河对面站满了亟待就业的大学生，就是缺少渡河的舟楫和一座架通两岸的桥。我认为要架起这座桥，要解决大学生就业难，就得从源头抓起，从端正大学生的心态入手，考入大学的每位学生首先要明白以下几个问题：为什么要上大学？学哪些知识对我有用？怎样学才有效率？如何学才最开心？

“物竞天择，适者生存”，只有适应环境，才能生存下去；“百舸争流，奋楫者先”，气可鼓而不可泄，只有奋力划桨的船才能在激流中走在前头。大学生只有端正心态，明确目标，才能在几年校园生活中被培养成为一个德才合璧的有用之材。

第一节 为文凭而学

“文凭”就是学校发给学生的毕业证书，文凭是学历的象征，是受教育程度的证明。现在常说的“文凭”主要指中专、大专、本科、硕士、博士等毕业证书及学位证书。

过去，有文凭、有学历、有职称的人成了“臭老九”，成了被攻击的对象，文凭成了人们害怕的东西。但从20世纪90年代开始，又出现了唯文凭、唯学历、唯职称用人的局面，很多能力很强的工作者，因没有文凭，错失很多工作机会。那时候，除了纯体力劳动、一般服务员、勤杂工外，其余用人单位在招聘时首先要求应聘者有大专以上的“文凭”，没有文凭连面试的机会都没有。这种矫枉过正的结果导致假文凭、假职称泛滥成灾，文凭与实践能力不相符。

不少学生为了文凭而考大学，为了文凭而读书，不明了生命的价值，忽视了对自我生命价值的认识，也缺乏对他人生命的关爱。不仅缺少职业生涯规划，没有明确的学习目标，也不明白学习的真正意义。只是随大溜，人家上大学，他也上大学，人家有文凭，他也要有文凭。在中学阶段，为了上大学而专注于考试，练就了一套考试的本领，考上大学松了一口气："我终于走进高等学府了。"进了大学很少制订目标计划（人生目标计划、学习目标计划、职业目标计划等）。为了弥补中学时代考试的辛劳，进入大学就滋生了"总该玩一玩了"的思想。因此，电脑成了男生的游戏机、女生的影碟机；美丽的校园成了谈情说爱的场所，宽阔的公园成了结伴郊游的佳地。为了应付考试，临时抱佛脚，连夜突击。啊！六十分万岁。

"人的全部本领无非是耐心和时间的混合物。"（巴尔扎克）"放弃时间的人，时间也放弃他。"（莎士比亚）没有用时间去努力学本领，结果熬了三四年，玩了三四年，日盼夜盼终于拿到了文凭，烦恼"才下眉头，却上心头"，工作难找啊！考试的技巧在就业时用不上了！新的困惑就来了。

即使就业成功，进入单位又出现新的烦恼，因为政企事业单位用人需要实际能力。目前社会上普遍存在一种怪现象：不少拿着高学历文凭的人，没有与学历相符合的知识。对所学的专业糊里糊涂，对学过的知识十分陌生，甚至很多理论不联系实际，更不用说实践运用了。这导致用人单位很失望，不得不将其辞退另聘。文凭在就业中发挥不了应有的作用，于是，这些学生开始埋怨、痛苦、忧思、迷茫……

社会现实向学子们敲响了警钟：社会需要真才实学，仅有文凭没有真正的学识是不行的。沉迷于文凭的虚荣中是要吃苦头的。"业精于勤，荒于嬉；行成于思，毁于随。"（韩愈《进学解》）不要因贪玩而荒废学业，虚度了在大学里学习真知、掌握本领、提高能力的最佳时期，要为就业打下扎实的基础。

为什么现在的学生的关注点大都在成绩、技能、学历、文凭和证书上，而缺乏内在的心灵修炼，缺乏追求真理，升华道德的内心渴望？这不能全怪学生，这是用人体制和用人机制诱导的结果。因为从招考公务员到各企事业单位的招聘，录用人的门槛就是学历、文凭和证书，达不到标准连报考的资格都没有。如果这样说，我们是不是就要怪罪高考制度，怪罪政府和企事业单位招聘门槛的设置呢？这也不行，因为从国家的层面来讲，高考制度体现的是公平，内在的德能很难进行考核，如果要进行考核，人为的因素就会很多，无法体现公平。所以目前高考制度虽然有很多弊端，但也是相对较能够体现公平的制度之一，所以我们不能动不动就否定它，埋怨它，说它不行！

国家招考公务员和企事业单位招聘职员，设定门槛条件也是有必要的，因为德能只能在录用后才逐渐体现，所以在考试和面试的阶段，用人单位只能凭文凭、专业和考试成绩及口才表达来决定是否录用。一经录用，请神容易送神难，特别是公务员、教师，只有进入机制，没有退出机制，所以导致了学生对文凭及学位等专业证书的追求，热情高涨，趋之若鹜，这也是人趋利避害的本能体现，无可厚非。

要解决这一问题，首先需要国家层面从录用人的体制上进行改革。能进能退，能者上，弱者下，德者留，恶者除，这是国家进一步深化改革的必然。学生，特别是职业院校的学子，以及已经在党政机关工作的公务员、在学校的教师、在企业的职员，应能够审时度势，修炼自己，学习真知，掌握真本领，成为一个具有感恩奉献精神，具有崇高道德情操的德才兼备之人，这才是无论在哪里学习与工作的上上之策。

“人之学也，不志其大，虽多而何为？”（苏辙《上枢密韩太尉书》）我们再也不要只为表面的文凭所误。因为社会发展的必然、国家改革的必然，特别是个人发展的必然都需要真本领，来不得半点的虚假。从国际层面讲，第二次世界大战的战败国日本和德国，战后两个国家的经济一片萧条。为什么短短几十年，这两个国家的经济发展速度就跃居世界前列？关键之一在于这两个国家采用了高、精、尖的职业技能教育与培训，民众职业技能提升了，高、精、尖的技术发展了。有了高、精、尖的大批职业人才，经济突飞猛进。因为社会需要的是做事情的能力、行动的动力，而且把事情做完美并非是文凭所能完成的。

一、文凭的作用

那么，文凭的价值究竟有多大呢？ 文凭究竟有哪些利弊呢？

（一）文凭的正面作用

文凭只能证明人的学历。文凭并不代表个人的真正学识与实际能力，只有你的学识与文凭的学历对等，文凭才可以帮助你实现人生更高的目标。

文凭是就业的敲门砖，是你参加公务员、企事业单位应聘的基本条件。

文凭可以满足你内心对荣誉的需要。

文凭是你积累同学资源的平台。同学之间具有不可取代的感情，当你走上社会后，同学资源是相互帮助的强大力量。

（二）文凭的负面作用

有了文凭就认为高人一等，不愿意干基层的、基础的、较辛苦的工作，这是一种幼稚的表现。韩信在项羽那里当门卫，投奔刘邦后，刘邦给了他粮草都尉这种管理后勤的职位。他把粮仓管理得非常有序，同时在宿舍里演练三才阵法，后来被刘邦拜为元帅，消灭了楚霸王项羽。马谡把《孙子兵法》背得滚瓜烂熟，但是根本没有带过兵，没有实践经验就一步当上了参军（相当于参谋长），带兵去守街亭，结果被司马懿打得全军覆没，被诸葛亮杀了。

蜻蜓飞得很自由，也很美丽，而它的幼虫却生长在泥水中，被淹没、被忽视，但它们并不急于高飞，因为它们还没有蜕化，没有翅膀，它们需要在泥水中等待成长，泥水越肥沃，幼虫就长得越健康，蜻蜓也就长得越壮实；天牛的幼虫蛀蚀树干，摄取到足够多的养料，羽化后才能健壮高飞。我们应该好好地认识大自然的规律并恰当借鉴，这对于人类的发展有极大的作用。

因此，要想在将来做大事就得积累经验，基层的、较辛苦的工作正好是积累经验的关键环节。

不愿意被人领导，总是想自己当领导，这是不少人对工作的态度。如果领导者的文凭比自己低，心里更不是滋味，须知有些文凭低的领导者却有较丰富、实用的操作和管理经验，不能一概以文凭而论。

不愿意干收入较低的工作，却不想这种工作与自己的专业对口，是将来成就自己理想的第一步。你因工资低而放弃，就错过了机会。

虽说“秀才不出门，能知天下事”讲的是秀才借助读书去了解世界。

但是，知天下事，能不能做天下事呢？“事非经过不知难”，实际工作千差万别，不是照搬书本就能做好的，相当一部分人虽然有了文凭，但只是背书考试的文凭。由于没有与文凭相等的水平和能力，到单位工作后，就会干得十分劳累。而有了文凭后，对待遇等要求就很高，一旦就业后未能达到要求，马上心态变糟，进而不断跳槽，最后误人误己，白白浪费了精力和宝贵的青春。

二、对文凭的正确认识

一个人完整而全面的才能是“道”和“术”两个层面的结合，知识和技能属于“术”的层面，品行、志向属于“道”的层面。高考录取主要取决于分数，大学的教学指标基本上都指向知识技能。大部分老师都在知识技能、成绩上下功夫，学生也在拼命追赶成绩，从成绩中可以体现出一个人“术”的基础、深度和广度。

心态、道德、品行、礼仪等由于没有完善的考核指标，“道”基本被搁置在一边。并且“道”的习得不仅要靠老师口头讲，还要靠老师行为的能量辐射和情感影响，以及学生在学知识过程中进行“道”方面的积累、感悟。真正的教育是一个生命在影响一群人的生命，不是简单的知识传承。“师者，所以传道授业解惑也。”（韩愈《师说》）自古以来，老师的第一宗旨就是“传道”。当前有少数为师者的师德、师风、行为等“道”的素质本身有待提高。而我们不少学生学到“道”的知识往往比“术”的知识少。这是不平衡的现象，在这种境况下得到的文凭仅是术的体现，而且不少学生学到“术”的知识技能也不过是名不副实。背书考试之后，课本一扔，真正用心去理解、去体验的并不多。所以，学生毕业后进入社会工作时，文凭的水分就会被挤干，剩下一本干巴巴的毕业证书。

我们要知道，**社会需要的不仅是文凭，还有水平；不仅是知道，还要做到；不仅是职称，还要称职；不仅是好看，还要好用。**所以，只有文凭，没有能力、没有好心态，不下决心去实践、锻炼、体验，掌握真正的本领，最后只会为文凭所误。

我们公司每天都有大量的货物进出，原先有一批在仓储部工作的高中毕业生，他们都兢兢业业，工作干得很出色。在争取仓库主管岗位中互相竞赛，奋力拼搏，当了主管后贡献更加突出。随着业务不断拓展，物流量不断加大，为了适应业务发展需要，须引进知识结构更完善、水平更高的仓储管理人员。因此，我到一所本科院校招聘毕业生，千挑万挑，终于招聘了五名大学生。我告诉他们，他们会被安排到仓储部工作，并作为仓库主管培养。他们很高兴，信心百倍地来到公司工作。第一天表现积极，热情高涨；第二天积极性便下降，热情减半；第三天积极性全消失，表现冷淡；第四天无精打采，工作茫然；第五天辞职信送到了我的办公室，就说不干了。下面是我们的对话：

学生："陈总，不好意思，我们要辞职了。"

我说："为什么？"

学生："主管也不好干！"

我说："为什么主管也不好干呢？"

学生：“主管也那么辛苦，我们以为主管不用干活，说说管管就可以了。我们有大学文凭，为啥还要干活？看来我们当不了主管啦，所以要辞职！”

我说：“如果你们没有文凭，一定会去努力争做主管，当了主管也一定干得很好，没关系，不怪你们，这是‘文凭至上’害了你们。”

可以肯定地说，这批大学生就是为文凭而考大学，为文凭而读大学。在读书时对书本知识也不求甚解，这批大学生学习物流，却不重视仓储对物流的重要性。仓储是物流的源头，这个环节管不好，会造成货物的重大损失。“要知道梨子的味道，就得亲自尝一尝。”刚从学校出来的小青年，不亲自实践一下，如何知道管理的细节？学物流不懂仓储，只想说说管管，单凭嘴巴说话，在熟练的老员工面前，谁会听你的？有这种思想的大学毕业生为数不少。

文凭本身并没有错，但是单纯的“为文凭而学”的观念会让人盲目抬高自己，变得眼高手低，轻视基层工作。如果你仅仅为了文凭而学，不端正自己的心态，那么就会失去很多成长的机会。在这种状态下，即使获得文凭也不能说明你能力提高了。因此，这种仅仅为了文凭而学，混个学历的想法是不可取的。

第二节　为工作而学

纯粹为工作而进大学，为了大学毕业后能在社会上找一份好工作，就是某些人的读书目的。这类学生比为文凭而学的学生要好。但会学得很辛苦，因为他们的学习是被迫的，为了生活、为了将来能找一份比较稳定的工作，被动地学习。只想经过几年苦熬，拿到了毕业文凭，就开始全力找工作，实现自己的理想。但进入社会后，求职的过程不像想象的那么美好。经过几番折腾，很多美梦成了泡影，于是心情烦躁，情绪低落，工作不起劲，不断跳槽，成了职场中的“跳蚤”。

一个姓林的校长给我讲了一个真实的故事。他大学的一位师兄学习很刻苦，成绩也好，毕业后被分配到一个镇做计生办干部。在当时，这份工作是很多人羡慕而又求之不得的美差。但他这位师兄却不这样想，他认为这份工作与他梦想的好工作相差太远，他说：“让我一个大男人去管计划生育，太没出息、太屈才了。”他干了不久就辞职了。

这时恰好畜牧站要一名干部，领导考虑到他还是个人才，既然不干计生办工作，就安排到畜牧站工作吧！把他调到畜牧站后，这位老兄对领导并不感恩，反而心情更糟，埋怨地说：“我一个大学毕业的高才生，怎么能去做管牲畜的工作，跟牲口打交道呢！太丢人了，太没面子了。这比管计生办的工作更辛苦、更差劲，老子不干了。”不到三个月，他跟领导连招呼都不打，又毅然辞职走人。

他回家后一直等待领导来哀求他，请他去干他理想的工作。一天过去了，一个月过去了，一年过去了，左等右等，连领导的影子也没见到。他怨恨领导有眼无珠，为什么这么长时间不来请他出山；他又埋怨自己的父亲只会当农民，不会当官，如果父亲当官，人家早就来请他了。怨恨、仇视、敌意等精神毒素不断在心里滋长，父亲叫他去干农活，他说："我连管理干部都不当，还跟你去干农活，简直是笑话。"于是整天窝在家里，闷在心里，经常与家人和邻居争吵。结果，二十多年过去了，他成了一个父亲摇头、家人寒心、邻居不屑一顾、整日无所事事的寄生虫。而当时比他成绩差、毕业后工作环境比他还艰苦的林同学，现在已经卓有成效，成了管理几千人的优秀中专校长。

这个真实故事值得同学们深思：到底什么工作才是好工作？自己努力学习就是为了找到所谓的好工作吗？其实工作不分好坏，全在人的心态，你的心态好，就会把工作条件艰苦当作锻炼的机会；你的心态不好，即使工作再好，你也会因为觉得单位对你不公平而闷闷不乐。

商海中有句格言："想挣小钱就做事，想挣大钱就做人。小生意看眼前，大生意看五年。"这不仅是一条商业座右铭，也是一条做人的信条。

可见，为了工作而学，虽然可以学到工作中必备的知识和技能，但是在学习的过程中是比较痛苦的。如此一来，若日后发现求职过程不像想象中的那么美好，就会导致身心俱疲，工作的理想状态也难以实现。这不仅浪费了宝贵的时间，而且最终也会沦为职场的“跳蚤”。因此，这种为工作而学的想法也是要不得的。仅仅求得一份好工作，没有明确的人生目标，最终也不会获得人生的成功。

第三节 为事业而学

曾子曰：“士不可以不弘毅，任重而道远。”（《论语·泰伯章》）有远大的志向，为事业而学的学生一定学有所成。这类学生不但学得快乐，而且学得高效。因为他们明白生命的意义，有追求、有理想、有实际目标，主动地为了实现人生的目标、生命的价值而学，为了事业成功、为了报效祖国而学。这类学生能在知识的海洋里自由翱翔，不断探取知识的宝藏。在快乐中学到的知识通过内化启迪了智慧，变成真才实学。由于在学校里已经养成了快乐学习、尊敬师长、关爱国家、遵守规章、勇于自律、珍惜时间、不虚度年华的好习惯，毕业后这些学生就会成为各个单位互相争夺的人才，走上工作岗位后也一定能踏实而快乐地工作。

“乐成师，苦成匠！”踏实而快乐工作的人，一定会成为各行业的技术大师、管理大师；被动而痛苦工作的人，再有才华也只能是一名工匠而已。

我大学时期学习的是管理专业，那时我曾经问同宿舍的另外五位同学为什么来读大学，其中有两位回答是为了读个文凭，另外三位回答是为了毕业后能做高层管理工作。很明显，前两位同学是为文凭而学，另三位同学是为工作而学。当他们问我为什么来学时，我的回答是：“为做一名理想的企业家而学。”我是为理想而学的人。

于是，同宿舍六个人，有三种表现：为文凭而学的那两个人根本没有用心学，一下课就打牌，作业基本不自己做，拿我的或其他同学的作业去抄；临考试时抓紧背一背考点，争取六十分就万事大吉，反正混个文凭是他们的唯一目标；毕业了，文凭拿到了，毕业典礼时开怀大饮，高呼文凭万岁。结果二十年过去了，这两位为文凭而学的同学工作平凡，职位没有多大长进，其中一个已经下岗。

而另外那三位为工作而学的同学，学习较为刻苦，为了应付考试过关，他们也认真准备，整天呼喊着累啊！苦啊！学得头晕脑涨！下课后他们也喜欢娱乐，经常看电视、看电影、打牌，有时玩到深夜。毕业时，他们以较好的成绩获得毕业文凭。毕业后，他们的工作也如愿以偿，有一个一年后提升了一级职位，有一个两年后提升了一级，有一个虽然没有升职，但工作还是颇为理想。三位为工作而学的同学，与两位为文凭而学的同学相比，最后结果要好得多。

我是为理想而学的人，读书的时候我选定的目标和理想就是“建立一个属于自己的企业王国”，并立下心愿：“如果我经商办企业，一定要诚信，一定要为客户、为社会、为祖国创造价值。”为了实现自己的理想，大学时期，老师讲课我用心听，老师布置的作业我很快乐地完成。课余时间我没有打过牌，没有看过电视，大学期间只看过一场电影，而且是学校组织要求去的。不是我不想玩、不想看电视，而是我没有时间去玩、去嬉戏打闹、去聊天逛街。我要按照我设定的目标去制订学习计划并付诸行动。想办企业就必须了解市场、拥有市场。我用读大学时的所有周末和节假日去跑市场，在跑市场中才真正领悟到商业企业管理的真谛。大学课余时间我努力为兄弟工厂的产品做推销，不但解决了工厂产品的销路问题，还为广州市的各大商场提供了适销对路的产品，在帮助别人的过程中也为自己带来了可观的收入。由于我讲诚信、乐于助人，获得了各大商场的一致好评。很快我为父母和兄弟建了一幢平房和一幢楼房，实现了向父母报恩的心愿。

我不但以优异的成绩毕业，还被学院留校担任学院劳动服务公司经理。由于在校期间学习、积累的丰富经营经验，我工作时得心应手，得到领导和老师们的一致认可。后来为了实现自己的理想，我跟着“下海”风潮毅然“下海”。在商海中，我努力奋斗，始终一步一个脚印，为建立自己的企业王国而奋斗，努力争取能为社会做出更大的贡献。

我诚信经营，始终践行“把困难留给自己，将方便让给对方”的经营理念，怀着感恩之心，去做利于别人的事，去帮助需要帮助的人。我坚信，帮助他人就是帮助自己，并且在做事和帮人的过程中享受快乐。

我曾经三次去广州的东山百货大楼针织商场推销，都遭到采购员的拒绝。但是我没有气馁，心想采购员一定有拒绝的原因。经过细心观察，我发现采购员的表情很痛苦。我想，他一定碰到了什么困难，如果先不进行推销，而去了解采购员的困难并尝试帮其解决，或许可以另寻新的机会。

我第四次到针织商场找到了他，他很不耐烦地说：“你怎么又来了？快走！”我说：“我今天不是来推销的，是来了解你的难处，看一看我能不能帮助你？”他一听我这样说，口气有所缓和，让我坐下来说话。我发现他办公桌上有一包冬菇，就好奇地问：“怎么上班还带冬菇啊？”他说：“不是带冬菇，而是要被人‘炖冬菇’。”原来，这冬菇是老总送来的，言下之意是要他走人。原因是他采购了七万多元（如无特殊标注，本书中提到的货币皆指“人民币”）的文胸，订的货是肉色的，结果收到的全是红色和黑色的，货不对板，卖不出去。货款又被银行托收给厂家了，现在厂家又不理会后果，所以他心急如焚。

我说：“不要紧，你拿两个样品给我，把数量和码数报给我，我看能不能帮帮你。”他用疑惑的眼神看着我问道：“拿样品干啥？”我说：“去帮你推销啊！”他简直不敢相信，摇摇头说：“不可能吧！我拒绝了你产品的推销，你怎么会帮我推销呢？”我说：“你有难处啊！需要我帮忙。”于是，我拿了十五元钱给他，买了他两个样品，并登记好每款的尺码和数量就走了。

当时刚好是假期，我马上坐飞机到北京，跑到北京百货大楼、华都百货和西单商场，为东山百货大楼针织商场推销卖不出去的产品。结果带去的黑色和红色文胸在北京颇受欢迎。这三家商场每家都签订了二万五千元的合同。为什么这三家商场都很高兴地签订了合同呢？因为我答应给他们代销，可以先不付款。

我回到广州把合同带到针织大楼，对他们的经理说：“我已经把你们积压的货推销给了北京的三家商场，如果相信我的话，我就用我的商品换你们推销不出去的商品。如果你们有疑虑，那我就先汇款七万五千元给你们，帮你们把产品销售出去再说。”他们的经理和办公室人员都觉得我的货不错，就决定用我的产品换他们销售不出去的产品。这样不仅我的商品得以在东山百货大楼针织商场销售，而且销量激增，同时他们的货到了北京三家商场之后销售得也很好，因为那时南方人喜欢肉色文胸，但是北方人喜欢红色和黑色的文胸。

取得了多赢的效果后，我与北京这三家商场的合作关系非常融洽，建立了营销业务关系。而在不到半年的时间里，广州东山百货大楼针织商场针织专柜的大部分商品都是我们华强制衣提供的，销售额翻了几倍。我们的产品也在不断改进，后来又生产“华强牌”睡衣，在全国各大商场都产生了较好的销售势头，并获得了国家金奖。

有人问我成功的秘诀是什么，我的回答是“把困难留给自己，将方便让给对方”的经营理念！很多人不解，你把困难留给自己，你不是就有很多困难了吗？我说：“正好相反，因为**我在帮助别人解决困难时，自己提升了能力，增长了智慧，收获了成功和快乐。‘烦恼即菩提’，帮助别人成就自己。**所以很多人更加愿意支持我，愿意和我合作，那么我就没有什么困难可言了。”这就是我的成功秘诀。就是这种理念为我的人生理想——“建立一个自己的企业王国”奠定了基础。

“下海”半年后，我拥有了自己的企业。十年后，我拥有了自己规划、自己建设的、高标准的、环境优美的工业园，有标准的厂房楼、员工宿舍楼和家人的别墅。就这样，我实现了为理想而读大学的目标。

与我同窗的人中，由于学习目的不同、心态不同，后来的结果也迥然不同。

小时候读过“弈秋诲弈”的典故：“弈秋，通国之善弈者也。使弈秋诲二人弈，其一人专心致志，惟弈秋之为听；一人虽听之，一心以为有鸿鹄将至，思援弓缴而射之。虽与之俱学，弗若之矣。为是其智弗若与？曰：非然也。”（《孟子·告子上》）意思是说，弈秋是全国的下棋高手，有人让他教两个人下棋，其中一个人专心致志，只听弈秋的话；另一个人虽然也在听弈秋的教导，但是心里却想着天上有天鹅飞过，想要拉弓搭箭把它射下来。虽然他俩在一起学习，但后一个人不如前一个人学得好。难道是因为他的智力不如别人好吗？有人说：“不是这样的。”

目的和心态不同，导致行为和效果也不同。就连学下棋都有差异，更何况在这个“物竞天择、适者生存”的竞争时代中读社会大学呢？

心有多大，眼界有多宽，舞台就有多大。有的同学盲目怀疑自己，认为自己不行，不相信自己的能力，面对机遇和挑战也不主动尝试。一直活在自己虚构的象牙塔里，这样怎能实现人生价值与目标呢？所以古圣贤有这样一句话：“人患志之不立，亦何忧令名不彰邪？”（《世说新语·自新》）意思是，一个人只怕不能立定志向，又何必担忧美名得不到显扬呢？当代大学生，无论出身贫富，都应该认清自己，树立自己的人生目标，把职业当成自己一生的事业，用积极的心态去面对成功路上的困难与挑战。为事业而学，才是莘莘学子应该树立的学业理念。

第二章　如何学习

上一章我们分析了学生应该树立的理念。那么应该如何践行自己的理念，如何学到自己想学的东西呢？“如何学到”的问题，主要包括以下三个方面：树立人生目标、有效学习、学会做人。

就业包括求职和创业两类，求职和创业是有区别的。求职是在企事业单位找一份工作；创业是自己创办企业。大学毕业后，不管求职还是创业，都需要知识和能力。大学生的知识是在校园里通过学习得来的，那么如何才能学到真正的知识和技能，这与学习的方法极为相关。

进入大学后，首先得有人生目标。现在很多学生自己缺少主见，教什么学什么，选修课也随大溜，没有定向，没有主次，结果什么都学过，样样都懂得一些，就是没有一样精通，如“万金油”一般，这对将来就业是非常不利的。

2006 年，我招过一名大学生。面试时，他拿一大摞证书来见我。我认为他有这么多证书，应该各方面都不错吧，就录用了他。可上岗后他什么事也做不了，令公司非常失望，只能请他另谋高就。

我的朋友杜仲成教授跟我说：他的北京六合时空科技发展有限公司是一家科研型企业。在2005年招聘了四名成绩优秀的本科毕业生，他们提出的待遇要求非常高，公司也一一答应了。但他们上岗后，公司才发现他们对于工作没有一项能胜任。新员工业务培训时，对一些相关的业务知识，都只能算略知皮毛、一知半解。工作时，需要用到什么知识就翻书，写材料时也照书抄，讨论业务时也照书念，离了书本几乎就什么都不知道了。这不仅仅是缺少工作经验的问题，他们的基础知识和运用知识的能力实在太差，又没有一技之长，几个月后公司只好把他们一一辞退了。

现代大学生中普遍存在“高分低能”的现象，在应试教育的背景下，学校教给学生的东西主要是为了考试，导致学生在学校学习的就是考试的技能。但是考试的技能是不适用于职场的。清醒的人应该懂得，若我们不能改变身边的环境，那么就要改变自己。学生在大学时不能只是盲目地追求应试知识，而应该主动培养积极良好的思维方式，把学到的知识有效地运用到工作中，更应该培养自主学习的能力和养成良好的学习习惯。

培养自主学习能力和良好的学习习惯非常重要，因为学习成长是决定一个人最终成功与否的基石。每天坚持拿出一定的时间学习，久而久之就养成了习惯，习惯成自然啊！研究赏识教育的董进宇博士，讲过自己的一次经历：有一回他去外地讲学，地点是在一个休闲山庄里面，离市区较远，到了晚上他才发现由于走得匆忙，忘记带书了。因为他有每天读书的习惯，躺在床上翻来覆去怎么都睡不着，于是起身驱车二十多公里到市区找书，敲了几家书店的门才买到两本书，回到酒店读过后方才入睡。董博士能成为学生学习力的导师，大概也源于他养成了良好的学习习惯。真的是“好习惯滋养人一生，坏习惯纠缠人一世”。

现在一些学生经常会觉得郁闷无聊，无所事事。而不少毕业生的知识和技能与文凭不符，这是很多企业在用人过程中常遇到的问题。为什么会出现这种状况呢？主要原因是这些学生没有确立人生目标，缺少行动计划，盲目地随大溜，浪费了宝贵的学习时光。这非常可惜。所以在大学里“如何学”非常关键，如果你不想成为这样的人，就先回答下面的问题：我将来要做什么？我到底需要什么？我将来能做什么？必须先制定出自己的人生目标、职业规划和行动计划。这样才有动力，才会用心去真学。在这里我忠告学生们：假学习没有真出路，真学习才有大出路。

第一节　人生目标

一、制定目标，活出生命的意义

树立人生目标之前，我们要先了解自己，知道自己想要的是什么，自己适合什么。曾子曰：“吾日三省吾身：为人谋而不忠乎？与朋友交而不信乎？传不习乎？”知道自己是什么样的人，需要不断地反省自己，了解自己。不要只是低头赶路，也要抬头看路，这样才能事半功倍。为了实现人生目标，你必须非常真切地问自己，这一生到底要做什么？怎样才能使自己活得有价值、有意义？怎样才不会碌碌无为，遗憾终生？

目标是一种信念、一种理想，不同的人有不同的目标，不同的目标构成了不同的人群。“苍天如圆盖，陆地似棋局；世人黑白分，往来争荣辱；

荣者自安安，辱者定碌碌。”（《三国演义》）人海茫茫，众生百态。在当今社会，人们的生存方式更显得千姿百态：有些苦于生计，劳碌奔波；有些追名逐利，忙碌于迎来送往、美酒珍馐的盛宴中；有些陶醉于吆五喝六的麻将桌上；有些流连于闲言碎语、说长道短的无聊之中。心灵的空间填满了颓废和无聊，其最大的根源就是没有明确的人生目标。目标往往是前进的路标，也是生存的动力。

有梦想的人才有希望；
有希望的人才有目标；
有目标的人才有计划；
有计划的人才有行动；
有行动的人才有收获；
有收获的人才有成功。

这是人类生存警言的总结，值得我们深思。

名誉和财富是人生的一大诱惑，刻意谋求往往去之甚远。有一位大德说：“求之不得，不得求之，不求得之。”不时刻盯在物欲上的人往往有所得。面对纷繁复杂的世界，保持一颗平常心弥足珍贵。远离喧嚣和浮躁，确定人生的目标，守住自己的心灵空间，守住自己的道德底线，守住遵守国家法律法规的行为底线。实现人生目标的关键是要选择做一个什么样的人。我把人分成了四类：

物质人：活着是为了自己获得物质财富的人。

功利人：活着是为了自己获得名利的人。

道德人：活着是为了奉献自己、帮助别人、造福社会的人。

真如人：活着是为了造福人类，忘我、舍我、不计得失的人。

（一）只想自己，不管他人——物质人

物质人生活在“本我”的物质世界里，这种人只想自己得到很多财富，吃好、穿好、玩好，好中还要好，总是不满足，明代朱载育的《不足歌》写道：

终日奔波只为饥，方才一饱便思衣。
衣食两般皆俱足，又想娇容美貌妻。
娶得美妻生下子，恨无良田少根基。
买到田园多广阔，又思出门少马骑。
槽头扣了骡和马，叹无官职被人欺。
做个县官还嫌小，又要朝中挂紫衣。
若要世人心满足，除非南柯一梦兮！

朱载育总结了当时一些男人无止境的贪婪之心。其实，不仅男人有贪婪之心，女性也有贪婪欲望。很多贪官不劳而获的贪婪欲望除了源自自身的原因外，与身旁女性也有很大的关联。无名氏的《看人间百态》中也有一首《贪婵娟》：

愁苦奔走只为粮，橱柜一满想锦裳。

粮帛两般皆富裕，又想嫁个状元郎。
嫁了状元生下子，叹无雕梁画栋房。
盖了豪宅胜相府，又嫌轿小脸无光。
屋侧置下八抬轿，恨缺奴婢少厨娘。
三佣四婢还嫌少，又想登基做女皇。
要得婵娟心满足，除非枕中一黄粱！

这些诗句是对人生贪欲的极大警示，现代人若能以一颗明白心去对待欲望，就不会重做黄粱美梦。追求物质并没有错，但是一味地追求物质，只能导致心灵的匮乏，这样的人活得并不快乐。因为他们是在为自己获得更多东西而活，只在索取没有奉献，所以他们只能生活在最低层次的物质世界里。这样的人的生命价值不大，因为他们只想着自己，不想他人；人们会鄙视、不屑，甚至憎恨这样的人，所以他们不快乐。

（二）先己后人——功利人

功利人生活在“自我”的功利世界里。这种人想有名利、有地位，这其实也没有错，谁不想有名有利啊！但大量事实证明这样的人生活也不快乐，因为这样的人生活在争名夺利的功利世界里，一味追求名利得失，整天挖空心思算计别人争名夺利，结果名利有了，但享受名利的能力却没了。“人有千算，天只一算。”有时机关算尽，反误了卿卿性命。最后“穷得只有钱了”，因为他们没有精神财富。

（三）先人后己——道德人

道德人生活在“超我”的道德世界里。一个有道德的人总是先人后己，首先想的是：我想生活过得好，必须先帮助别人过得好；我想自己成功，必须先帮助别人、帮助企业成功。他们的所得是建立在真心实意地帮助他人、帮助企业、帮助社会、创造正向价值的基础上的。“老吾老以及人之老，幼吾幼以及人之幼”是我们民族最响亮的道德格言。这种人的人生是智慧人生，他们舍小利取大义，他们生活在道德世界里，拥有的是精神财富。

助人为乐——帮助别人是快乐之源。有道德的人首先想的不是名利，而是帮助别人，助人利己，因此非常快乐。他们不想名利，最后反而名利双收。

（四）只有他人——真如人

真如人生活在“无我”的真如世界里。真如是宇宙的本体，真如人的内宇宙和外宇宙同一同体，同在同欢。他们心里只有大同世界，唯独没有自己，他们在人生中舍弃自己，把追求世界的美好、人类的幸福作为终极目标。

青年学生在学习之前，首先必须给自己定位，自己想做何种人？做物质人、做功利人、做道德人还是做真如人？是想生活在物质世界里、功利世界里、道德世界里还是真如世界里？这是我们每一个人都必须仔细想好的问题。

人性是逃离痛苦，追求快乐的。我想大多数学生在看了此书、明白了道理之后，人生的起点比一般人高，就会选择做道德人，生活在精神的道德世界里。如果这样的话，那么恭喜你了，你的境界已经在物质人、功利人之上，因为你已经拥有了人生的高度。

当明确了这一生要做什么人之后，你不能光说虚话，而要行动，定好人生目标、职业目标，通过职业目标的成功来实现你的人生目标，体现你的人生价值。

人生价值的大小等于你为他人、为社会的奉献量减去你的索取量。要想你的人生有意义、有价值，就必须为他人、为社会做出大量的奉献。这种奉献是通过你的职业行为体现的，所以你必须做出人生规划、定下职业目标。下面提供一些人生目标、职业目标供大家参考。

二、人生目标与职业规划

（一）将来你想成就什么样的事业？

1. 企业家：

工业企业○商贸企业○金融行业○广告中介○

试验型○利益型○道德型○事业型 ○

2. 职业经理人：

工业企业○商贸企业○金融行业○广告中介○

3. 白领人员：

普通职员○优秀职员○卓越职员○

4. 蓝领人员：

普通职员○优秀职员○卓越职员○

5. 国家公务员：

公务员○县级领导○市级领导○省级领导○

6. 技术员：

传统技术○现代技术○前沿技术○

7. 教育工作者：

教师○特级教师○教授○院士○

主任○小学校长○中学校长○教育局长○大学校长○

8. 医生：

普通医生○主治医生○主任医生○

西医○中医○民族医○

利医○德医○名医○

9. 律师：

律师○法官○检察官○仲裁官○

10. 艺术家：

绘画师○画家○

歌手○歌唱家○

作曲员○作曲家○

舞蹈员○舞蹈家○

11. 发明家：

自然○物理○化学○社会○军事○

（二）将来你想拥有多少资产？

1. 物质资产

货币价值（　　）元○　　房产（　　）平方米○

土地（　　）平方米○　　汽车（　　）部（　　）元○

2. 精神资产

追求享乐型〇外向豁达型〇无私奉献型〇

郁闷〇快乐〇自己快乐〇给别人带来快乐〇

3. 文化资产

掌握：传统文化〇西方文化〇现代文化〇

资质：被培训〇培训师〇作家〇

4. 人脉资产

负面朋友〇正面朋友〇

（三）将来你想成为什么样的人？

1. 你想为他人、为社会在哪些方面有所贡献？

关爱他人的慈善家〇中国文化的继承者〇创造社会财富的贡献者〇

2. 你想为自己提升什么？

个人价值〇个人在群体中的作用〇自信心〇爱心〇同情心〇

积极心态〇沟通能力〇学习力〇表达能力〇写作能力〇

组织能力〇领导能力〇

3. 你愿意成为健康、开朗、自信的人吗？〇

4. 你愿意成为富有爱心和创造力的人吗？〇

5. 你愿意成为一个信守承诺、富有责任感的人吗？〇

6. 你愿意成为一个忠于职守、遵纪守法的人吗？〇

7. 你愿意成为一个有包容心、胸怀坦荡的人吗？〇

（四）哪些思想行动阻碍你的目标实现？

1. 你是否有以下不良的思想和行为？

没有目标○没有计划○急躁情绪○懒惰迟钝○

吵架打架○违纪违法○损人利己○赌博○刻薄○

偷盗○仇恨○虚荣○诽谤○浪费○自杀○恶作剧○

不守时○嫉妒○埋怨人○嘲笑人○不诚信○消极○

2. 你是否有以下浪费时间的行为？

电话聊天○迷恋网络○发无意义信息○

长时间看电视○沉迷于游戏○长时间打牌○无意义闲聊○

沉迷于言情小说○沉迷于武侠小说○瞎逛○游手好闲○

（五）下面列出的哪些思想行为有助于你目标的实现？你认可吗？

1. 价值观：社会价值高于集体价值○集体价值高于个人价值○

利益观：社会利益高于集体利益○集体利益高于个人利益○

2. 积极心态：用积极乐观的心态去面对一切人和事，不断增强自信心。○

3. 利他行为：用利他的思想行为去做人做事，从而得到快乐，得到更大的利益。○

4. 合作：善于与人合作，学会吃亏，吃亏是福。○

5. 自省：遇上争执先自省，碰到困难自己上，从而得到各方的支持。○

6. 时效：在最短的时间做最有效的事情。○

7. 行动：善于行动，不能光说不做。计划固然重要，行动更为重要。

行动才是实现目标的决定因素。○

8. 勤奋：要善于坚持，勤奋耕耘，认准目标就要锲而不舍，坚持到底。○

9. 总结：要善于总结经验，寻找实现目标的有效途径。○

10. 借力：善于借力实现自己的目标。○

11. 互助：乐于助人，也乐于接受别人的帮助。○

12. 健康：美好的心灵不仅需要健全的人格，也需要健康的身体。○

请在选择的选项后的"○"里打"√"，然后将所选的结果整理两份打印出来，一份随身携带，一份放在床头，每天睡觉前看一眼，用来提醒你的人生目标是什么，特别是你的职业目标是什么。为了达到你的职业目标，你就可以制定学习目标了，这叫作以终为始。有了职业目标，你的学习目标也就很好制定了，学习原动力也就随之产生，郁闷、空虚就会远离你。以上的每一个选项，看似简单，但实质上该如何选择，选择后又采取何种做法，决定了你的人生。

三、眼界决定高度

有一组专家团队专门对哈佛大学两千多名毕业生进行为期数年的跟踪调查，结果发现这些毕业生在社会上的成就和拥有的财富有天壤之别：极少数人成就非凡，拥有巨大的财富；少部分人成就尚可，拥有一定的财富；大多数人十分平凡，和普通人相比没有多大差别。

同样是哈佛的毕业生，智商也相差不大，但毕业走上社会后怎么产生了如此悬殊的差别呢？专家们经过分类统计发现：

成就巨大的那部分人进入学校之后，第一时间就对自己的人生目标、职业目标、事业目标、学习目标进行定位，并详细地写下了达到这些目标的计划、方法、步骤，然后一步一步地坚定实施，从而获得了巨大的成功。

成就尚可的那部分人进入学校之后，也大概定了人生目标、职业目标，但是没有详细写下来，只不过是一个方向而已。因此，毕业之后也取得了一定的成就。

普普通通的那部分人进入学校之后，没有定下人生目标、事业目标、职业目标和学习目标，也没写下详细的计划和步骤。他们仅仅为了文凭而学习，因此毕业之后虽然过得比普通人稍好，但比起前两种人，成就就差得非常非常远了。所以就如前文说过的——**有梦想的人才有希望；有希望的人才有目标；有目标的人才有计划；有计划的人才有行动；有行动的人才有收获；有收获的人才有成功**。

哈佛大学作为全球著名学府，能考入的学生大都属于凤毛麟角。而他们人生的差距如此之大，都跟预定人生目标有很大关系。鉴于此例，对于人生目标，学生们应认真思考。

想要成功，必须制定出人生的长远规划，规划制定得越详细、越充分，眼光看得越远，越专注于正向行动，你成功的机会就越多，成就就越大。

给大家分享一则白龙马与骡子的寓言故事，与君共勉：

白龙马没有去西天取经前就和骡子结为兄弟，取经归来，白龙马去看望它的骡老弟，它们热情地聊了起来：

骡子：“马兄，分别多年，你都做了些啥事？”

白龙马：“我们去西天，看到了美丽的山川河流，既受到了善良百姓的爱戴，又看到了妖魔鬼怪的丑恶，过火焰山，渡通天河，师兄弟们一路降妖除魔，经过九九八十一难，终于取到了真经。师兄弟们也都修成了正果，我也被佛祖封为八部天龙广力菩萨。骡弟，你有些什么高就？把你的经历也告诉我好吗？”

骡子：“不瞒马兄，说实话，我这一辈子太没出息了，每天除了拉磨还是拉磨，你干得轰轰烈烈，我总是在原地打转，与你相比，真是丢脸啊！惭愧啊！”

如果想干一番轰轰烈烈的事业，我们必须在学生时期就努力吸取知识营养，学习白龙马的精神，练就真本领。如果只想一辈子得过且过，碌碌无为，当一天和尚撞一天钟，那我们会像骡子一样，永远在原地打转。

远大目标和长远眼光，往往是互相关联的。一个创业人的眼界有多宽，心胸有多广，事业就有多大。你的眼光看得越远，就越不会被眼前的迷惑扰乱心智，就越不会去耗费大量的时间玩游戏、去做无聊甚至阻碍目标实现的事情。有了目标就有了指路明灯，就能有计划、有步骤地行动，并在行动中享受成功的乐趣。也可以坦然吸取挫折和教训，从容进步，不断成熟，不断成长，迈向成功的彼岸。

四、思维决定出路

有好思维才有好人生，思维一好，一好百好；思维一了，一了百了。思维模式决定一个人制定的人生目标和职业目标能否实现。

能够帮助人实现人生目标和职业目标并最终能收获幸福人生的思维方式有以下几种：

积极思维：用正向的乐观的思维方式去看待一切人和事。

全纳思维：用多角度、全方位的思维方式去接纳一切人和事。

哲商思维：用哲学的思维做出价值判断。哲商思维是人生最高境界、最大价值的思维方式。哲商是一种智慧，它是人对世界奉献的最大价值的写照，它是鲜活地、开放地、灵动地、全方位地对宇宙万事万物的一种哲学思维与价值判断。

阻碍一个人实现人生目标和职业目标并让其苦度人生的思维方式是消极思维、单向思维（抱怨思维）和敌意思维。

第二节　有效学习

树立了正确的人生目标之后，如何实现目标呢？大学时光是无比宝贵的，但也是十分短暂的。如何在有限的时间内有效地、科学地学到知识？本节将为大家解决这一问题。

大家知道的名句：“盖世英雄无书不读”（《永奎·示子》）、“才高八斗”（《释常谈·八斗之才》）、“学富五车”《庄子·天下》）、“博古通今”

(《孔子家语·观周》)、“博览群书”(《周书·庾信传》)，等等，都意味一个人书读得越多越好。多读书对走上社会、有了工作的人来说，是非常重要的，但对于在校学生来说，因为本身就有许多必修课，精力和时间都有限，不可能什么都学。传统教育为了“培养学生的广泛爱好”，建议学生在课余时间“博览群书”。在我看来，如何“博”，如何“专”，要慎重选择，为了大学毕业以后能够顺利就业，读书理应有的放矢。社会是由不同的“专”组成的“博”，政企事业单位是由不同的专业组成的群体，政企事业需要的是各种专业人才。很多用人单位都有一个同感：不少大学生知识面很宽，门门都懂，就是没有一门精，会说不会做。这种状况是导致企业频频辞退员工和就业者频频跳槽的重要原因。在校园博览群书固然好，但是要学会合理分配时间选择重点，选学有利于以后自己发挥特长的书。

几年的校园生活是很短暂的，如何在有限的时间内有效地、科学地、专注地学到有用的知识呢？首先得确定自己的人生目标，制定好职业规划，在职业规划框架内有选择、有重点地去学。与职业规划中第一选择有关的知识一定要学深、学透，这部分学习应占较多的时间；兼学一些与第二选择有关的知识，这部分学习应占较少的时间；与第三选择有关的知识可以适当了解，这部分学习只占更少的时间。千万不要盲学，就是什么都学，眉毛胡子一把抓，结果没有一样精通，到了工作单位后才知道后悔，但为时晚矣。科学地、有选择地、高效地学习尤为重要。

学习有真学习与假学习之分。

要我学＝假学习，假学习没有真出路；

我要学＝真学习，真学习必有大出路。

假学习是为了分数而学、为了文凭而学、为了炫耀而学、为了面子而学。这种学习是应付式的学习，为了考试被迫去学、去背，既被动又痛苦，书本一丢，头脑中就是一片空白。

真学习是为了理想而学、为了目标而学、为了提高自己的创造能力而学。这种学习是有思考的学习、有体验的学习，既主动又快乐，这叫"乐学"。这样的人能够把书本上的知识变成自己的智慧。

学习方法很多，能否在学习中得到真知，关键是学习的心态。当你怀着喜悦、好奇、渴望、追求的心情去学习时，效率最高，也记得最牢；当你带着被动、漫不经心、无所谓的心情去学习时，效率最低，也记不住。

本来学习是一件很快乐的事情，为什么好多人觉得很苦很劳累呢？其实关键看心态。**功利心态，易被淘汰；感恩心态，永不言败。**

所以，**感恩心态一出现，问题马上就不见；仁爱心态一出现，点子方法就无限；空灵心态一涌现，奇迹马上就出现。**

先把习惯性的方法停下来，重新检查审视心态和方法，"知止而后能定，定而后能静，静而后能安，安而后能虑，虑而后能得。"（《大学》）这就是有效学习的根本所在。

"夫君子之行，静以修身，俭以养德。非澹泊无以明志，非宁静无以致远。夫学须静也，才须学也，非学无以广才，非志无以成学。淫慢则不能励精，险躁则不能冶性。年与时驰，意与日去，遂成枯落，多不接世，悲守穷庐，将复何及！"（诸葛亮《戒子书》）"非志无以成学"是值得我们谨记的真言。诸葛亮是三国名臣、军事家、政论家，在中国历史上是家喻户晓的名相。他告诫孩子的言语，既是自我感悟，又是总结历史人物成败的经典。今天读来还能感受到它仍闪烁着做人哲理的光芒。

成功＝艰苦劳动＋正确的方法＋少说空话

这是学业成功的定律。

不读书容易使人感到空虚，不关心国家大事容易使人与社会脱节。学生们在学校要多利用图书馆、网络等资源，不能单纯地把网络当作娱乐休闲的工具，可以在网上关注新闻，选修自己感兴趣的课程，等等。

在具体的学习过程中，一定要学会取其精华，去其糟粕，学会用审视的眼光看待所有观点；尽信书则不如无书，在学习过程中，要做到不唯书、不唯上、只唯实；不迷信权威，培养独立思考的能力，成为有思想的人，即“博学、深思、慎问、明辨、笃行”的人。

第三节　学会做人

一、“人”字的启示

修身、齐家、治国、平天下，这是中国人传统的道德理想。我们先祖就“人”字口口相传了这样一个段子：“‘人’字好写不好做，坏人好做不能做，好人难做要做好。”人是宇宙的精灵，古今中外围绕着“做人”二字有万千种方程式，在中华文化中，对于“做人”更有非常独特而又深刻的道德模式，并几千年来支撑着中华文明大厦。在具体的生活中，无论你的理想是大是小，实现所有理想的基础都在修身，修身是觉悟过程、明了内心的真正感受，明了怎么做人。学做人需要注意以下几个方面，即感恩仁爱、仁德善念、积极乐观与自律担责。

古今中外，宗教、文学、法律、戏剧、媒体、学校、社会，无不在教人如何做人。学校里到处贴挂着名人的名言警句，以及课堂上的德育教育，也是在教人如何做人。那么在这里我为什么还要提出“学会做人”呢？因为这是我几十年的人生阅历，是我从大学走向企业家之路所感悟到的一条真谛——成功与否首先取决于你是否学会了做人。

有的学生会问：做人不是很简单吗？我平时不就是这样做的吗？还有什么要学的呢？其实，学会做人比学会知识技能重要千万倍，它更是一辈子的功课。为什么呢？大家看下图 1 、图 2 “人”的写法：

图 1　正向的人

因果定律：善念善行结善果。当你拥有感恩仁爱的心态，就会有善念善意的思维，就有仁德善行的行为，就会有真善美德的善果。

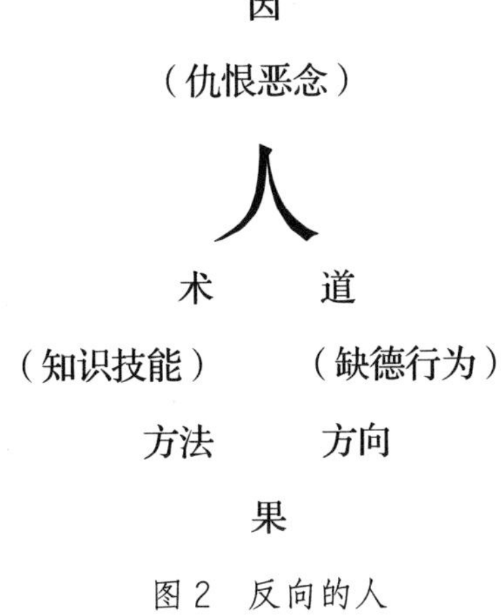

图 2 反向的人

因果定律：恶念恶行结恶果。当你拥有仇恨的心态，就会有恶念恶意的思维，就会有违法贪婪的行为，就会有损人伤己的恶果。

人的爱一部分来源于感恩，“羊跪乳，鸦反哺”，小羊吸奶是跪着的，小乌鸦会飞出窝后要给老乌鸦喂三天食。禽兽也知道感恩、报恩，何况人呢！

凡事感恩，幸福终生；凡事拥有好心态，生命之花开不败。

一个人是否有智慧人生，就看他是否是“道”“术”双修，看他是否有爱，是否有感恩之心，是否有道的支撑。

学校学的知识技能是“术”的层面，而决定人生的方向、动力、能量、容量高度的是“道”的层面。

当一个人有爱的时候，他的生命之河就饱满充盈，就有活力、就有正向的能量。能帮助他人、能给周围的人带来光明和温暖的人，他的人生是圆融富足的。

当一个人没有爱的时候，他的生命之河就会干涸枯竭，于是情绪暴躁，疾病四起，就有负能量，会给周围的人带来痛苦，他的人生也是黑暗的。

“慈母手中线，游子身上衣。临行密密缝，意恐迟迟归。谁言寸草心，报得三春晖。”（孟郊《游子吟》）千百年来，孟郊这首《游子吟》道出了多少孝子之心。当你感恩父母的时候，就会孝敬父母。父母辛辛苦苦积攒下来的钱给你交学费、住宿费和生活费，你要珍惜父母的血汗，要发奋学习，感恩父母，养父母之身，知父母之心，长父母之志。但无论如何也难以报答似春光那样的父母的恩德。

“舍舟楫无以渡江河，舍台阶无以至堂坛。”（《戴震集》）学校是你获得德才的殿堂，是你渡过人生之河的船，是你人生步入成功顶峰的台阶。当你感恩学校时，你就会珍惜学校的一切，会遵守校规，会把学校当作学习励志的殿堂。

“一日为师，终身为父。”（元・关汉卿）老师是给你“传道、授业、解惑”的人。你感恩老师，老师也会赏识你，彼此尊重，你遵循教导，勤奋好学，刻苦钻研，学有所成；反之，互不接纳，最后虚度光阴的是自己。

三年同窗，情比兄弟。同学之间的友谊是无法取代的。当你感恩同学的时候，就会与周围同学友好相处，互相关心，互相学习，共同进步。

社会是你生存和发展的舞台。当你感恩社会的时候，你就会遵守国家的法律法规，遵守社会公德，做一个好公民，并努力提升自己，练就本领，报效祖国——人的心胸格局有多大，未来的事业就会有多大。

一个人光学习知识和技能是不够的，掌握了知识和技能，还得拥有一个好心态，才会帮助人、为社会创造价值；反之，就会去伤害人、给社会造成损失。所以，一个人成功的关键是他是否能掌握并践行做人之道，也就是人的心态要好，要有感恩心态、阳光心态、主人心态、多赢心态、赏识心态，还要有较高的道德标准。道德标准的六大纲领是：

忠诚：不断修炼你对祖国、社会、单位、朋友、家庭的忠诚度。

仁爱：修炼大爱之心、慈悲之心、宽容之心、感恩之心。

伦理：积累仁、义、礼、智、信之道。

善行：培养善念、善行、善举之习惯。

责任：勇于担负责任的勇气，即敢于担当。

报国：胸怀大志，以报效祖国为荣。

当你在做人方面学会并践行“忠诚、仁爱、伦理、善行、责任、报国”的道德标准时，还有什么不敢挑战，还有什么不能担当的呢！你的人生也一定是成功的。

人在培德养心时还需要清澈心灵的“十二溪流”：

一要珍惜自我的生命；

二要孝顺赋予我们生命的父母；

三要珍爱千年同修而成的伴侣；

四要保护好心灵温床的家庭；

五要友爱同甘共苦成长的手足；

六要尊敬给予我们智慧的师长；

七要敬仰为我们带来光明的圣哲；

八要敬重带领我们奋斗的上级；

九要礼让一起为生存奋斗的战友同道；

十要慈爱老幼弱残的同胞；

十一要崇敬为民众造福、辛勤劳动的劳动者；

十二要感恩一切护卫生命的行者。

以上“十二溪流”都流淌着滋养生命的宝水灵泉，我们珍爱这一切就是珍惜自己。

二、成功做人的密码

（一）感恩仁爱

宇宙就像模糊数学，但是常常偏顾于善，有时一个善念就会掀起蝴蝶效应。北京的蝴蝶扇动翅膀，很可能在大西洋外掀起滔天巨浪。“一念天堂，一念地狱”绝不是妄言。

学会感恩，幸福人生。感恩是生命的根，感恩是生命中最美好的能量和动力。感恩解决人生的动力问题，解决人生的沟通问题，解决人生的方向问题，解决人生的热情问题。感恩让你的生命之河饱满充盈，让你的生命之树常青。感恩是一种内心情感，感恩更是一种生活态度。感恩自己，拥有健康、满足、从容的身心；感恩他人，拥有宽容、温暖、责任的情怀。

常怀感恩之心，用感恩的思维方式来面对生活，内心自然就会平和。美国前总统富兰克林·罗斯福就常怀感恩之心。据说有一次罗斯福家里失窃，被偷去了许多东西，一位朋友闻讯后，忙写信安慰他。罗斯福在回信中写道："亲爱的朋友，谢谢你来信安慰我，我现在很好，感谢上帝：因为第一，贼偷去的是我的东西，而没有伤害我的生命；第二，贼只偷去我部分东西，而不是全部；第三，最值得庆幸的是，做贼的是他，而不是我。"对任何一个人来说，失窃绝对是不幸的事，而罗斯福却找出了感恩的三条理由。

我曾经看到这样一个故事：

二十年前，一个穷苦大学生郝武德为了付学费，挨家挨户地推销货品，到了晚上发现自己的肚子很饿，而口袋里只剩下一个小钱，他在大街上犹豫徘徊了半天，终于鼓起勇气，敲响一户人家的门，准备讨点饭吃。

然而当一位年轻貌美的女孩子开门时，他却失去了勇气，他没敢讨饭，却只要求一杯水喝。女孩看出来他饥饿的样子，于是给他端出一大杯鲜奶来。他不慌不忙地将它喝下，然后问道："我应该付你多少钱？"

而女孩的答复却是："你不欠我一分钱。母亲告诉我们，不要为善事要求回报。"

他怀着感恩的心，向女孩深深地鞠了一躬，真诚地说道："那么我只有由衷地谢谢您了！"

当郝武德离开时，不但觉得自己的气力强壮了不少，而且对人生的信心也增强了。他本来已经陷入绝望准备放弃一切的。

二十年后，有个女人病情危急，当地的医生都已束手无策，家人于是将她送进大都市，以便请专家来检查她罕见的病情。他们请主任医师郝武德亲自来诊断。

当郝武德听说病人是自己家乡某某城人时，他眼中充满了奇特的光芒。他立刻走向医院的病房，当他来到病人床前时，他一眼就认出了她—那个送她一杯鲜奶的女孩。

他决心尽最大的努力来挽救她的生命。从那天起，他特别观察她的病情，查阅了所有的文献，并在网上发帖向全世界同行咨询。经过他的不懈努力，终于让女孩起死回生，战胜了病魔。

最后，当批价室将出院的账单送到郝武德手中请他签字时，郝武德看了账单一眼，在账单边缘写了几个字，然后将账单转送到女病人的病房里。

女病人几乎不敢打开账单，因为她确定，她可能需要一辈子才能还清这笔医药费。当她打开账单却先看到边缘上的那行字：“一杯鲜奶已足以付清全部的医药费。“签署人是郝武德。

俗话说，滴水之恩，当涌泉相报。感恩，就要懂得回报，但回报的不一定是感谢，真正的施予者需要的并非是狭隘的回报，而是获得者能够真正地获益于他的给予，并将善良和美好的种子根植于内心。

因为感恩，才会感激，才会明白没有任何人该为我们付出、负责。无论同事、朋友，甚至是父母、爱人，任何人给予我们帮助，我们都应该真心地感谢。父母给了我们生命和最无私的爱，感恩父母是中华民族的传统美德。

我出生在一个农民家庭，父亲读书不多，但他宅心仁厚、勤劳友善、积极乐观的品质、品德和品格让我满怀感恩之心，涌动大爱之情。为了感恩父母，通过我的不懈努力，我三十多年前完成了人生中的第一个愿望——给父母建一栋房子（见图3）；为了感恩兄弟姐妹，我二十多年前完成了人生中的第二个心愿——为父母和兄弟姐妹建了一栋楼房（见图4）；为了感恩爱人和孩子，我十多年前完成了人生的第三个心愿——为他们建了一栋别墅（见图5）；同时，我还为员工建了一栋厂房和一栋宿舍楼（见图6）。现在，我为了感恩国家和社会，决心用我快乐人生的感悟，通过出书与培训，来完成人生的第四个心愿和梦想——帮助人们点亮心灯。我坚信，一盏灯光，虽然微不足道，但当用它来点亮千万盏灯的时候，大家都辉煌；一句箴言虽然微不足道，但当用它来开启千万颗心的时候，大家都高尚；我传递给大家的一声祝福，虽然微不足道，但当将它送给千万人的时候，大家都吉祥。

图 3　我为父母建的房子

图 4　我为父母和兄弟姐妹建的楼房

图5 我为爱人、孩子建的别墅

图6 我为社会建的华强工业园

（二）利他利群

我们每个人的利他利群行为就是在工作或生产经营的时候能考虑自己的工作内容、生产和经营的产品对人有没有帮助，如果有帮助就对自己有利。有时候得到的回报不一定是金钱物质，而是比金钱物质重要千万倍的人们对你的尊重和信任。当你得到大多数人的尊敬和信任的时候，还有什么事不能办成？还有什么难题不能解答？还有什么困难不能克服？你的人生将到处都是阳光。其实帮助别人就是帮助自己。

我办企业的时候，有一次上海第一百货大楼的一位副总和一位商场经理来我厂参观，我自己开车去机场接他们。接到后到了停车场正准备上车，我发现我的车前方几十米处有一辆货车坏了，正在艰难地推行启动。我告诉两位领导稍等，自己跑过去帮他们推车。车子发动后，他们非常感动，专门调转车头过来致谢。我说举手之劳不用谢。我上车启动车子，结果按了几下都没有发动自己的车。他们发现后马上跳下车，帮我检查，原来是车的电池没电了，于是他们用他们车子的发动机为我的车的电池充电，最终我的车也终于发动了。

上海的两位领导异口同声地称赞："你们广州人真好！"我开心地回答说："其实帮助别人就是帮助自己啊！"

（三）善念善行

心存善念，必有善行；善念善行，天必佑之。人要有善行，更要有善念。善念驱动着善行，善行反哺着善念。**有了善念，善行就变成了一种发自肺腑的自觉行动，而不是表演式的作秀**。以善目打量万物，以善心度量世界，以善举行走于人间，人才能变得宽厚博大。宽厚的人，博大的人，不但自身的生命有了厚度，而且生命的价值亦得到了彰显。

我经营企业的时候，就是用善念善行在经营。善念就是经营企业、生产产品的时候，首先考虑的是生产的产品对消费者是否有帮助，是否安全环保；善行就是生产的产品如何给消费者提供更大的帮助，产生最大的边际效益。

善念善行的核心就是不把赚钱当作唯一目的，而是把赚钱当作经营手段之一，还有一个大目的是帮助他人，给社会创造价值，提供优质服务。这也是我多年经营企业的核心理念。

同时，在我经营企业这么多年来，一直资助合作单位学校的所有贫困生、低保生、残疾生，每年的资助金额大都在几十万元甚至上百万元。通过这种善行来表达善心，也通过生产的环保优质学生装、“放心棉”学生被让消费者、让学生去真正感受爱的温暖，品味善的芬芳。因此，我的生意也就越做越顺畅。

（四）正面乐观

生活的快乐与否，完全取决于个人对人、事、物的看法。因为生活是由思想造成的，如果我们想的都是欢乐的事情，成为一个正面乐观的人，我们就能欢乐；如果我们想的都是悲伤的事情，我们就会悲伤绝望。好念头占上风，活得轻松。坏念头不改，活在苦海。

当年我在农场工作的时候，有一次开一部小型摩托车到场部机关办事。途中有一位骑自行车的人逆行把我撞倒后摔倒了。我连忙把他扶起来，结果他对我破口大骂，气势汹汹。本来是他的错，但当我闻到了他的一身酒气，我不但没有和他计较，还笑着对他说对不起，然后扶他回家。

第二天他问了农场的武装部干事，打听我的消息。找到我跟我道歉说，是他自己撞到我，还骂我。说我不但没有生气，还给他道歉，送他回家，他非常感激。后来我才知道他是农场的组织科长。

机缘巧合，第二个星期刚好广东农垦管理干部学院招生，要求每一个农场从有六年工龄的国家正式干部中推荐表现优秀的人选参加。通过干部选拔考试则作为农垦农场的第三梯队干部培养。这位科长第一个提名的就是我。党委讨论一致通过，让我参加考试。我通过考试后带薪读大学，读完留校任教。

因为一个善念、一个善行，带来一次机遇，人生命运完全改变了。假设当时我与他大吵一架，骂他一通，那可能我就没有这么幸运了。所以我们每个人都要有正面乐观和宽容的心态去对待身边的一切人和事，那样你就会得到意想不到的好结果。

乐观是年轻心态的保证。只有一直保持乐观的精神，才能在甲子之岁耄耋之年也可以有年轻心态；乐观是年轻心态的保证，只有乐观，才能让人超越年龄的限制，人生才充满朝气。德裔美籍作家塞缪尔·厄尔曼曾写了一篇只有四百多字的短文——《年轻》(*Youth*)，首次在美国发表的时候，曾在广大读者中引起轰动效应，成千上万的读者把它抄下来当作座右铭收藏。塞缪尔的金玉良言里蕴藏着心灵愉悦的密码，就连许多中老年人也把它当作后半生的精神支柱。

年　轻

■［美］塞缪尔·厄尔曼

年轻，并非人生旅程的一段时光，也并非粉颊红唇和体魄的矫健。它是心灵中的一种状态，是头脑中的一个意念，是理性思维中的创造潜力，是情感活动中的一股勃勃的朝气，是人生春色深处的一缕东风，一枝红艳。

年轻，意味着甘愿放弃温馨浪漫的爱情去闯荡生活，意味着超越羞涩、怯懦和欲望的胆识与气质。

而六十岁的男人可能比二十岁的小伙子更多地拥有这种胆识与气质。没有人仅仅因为时光的流逝而变得衰老，只是随着理想的毁灭，人类才出现了老人。

岁月可以在皮肤上留下皱纹，却无法为灵魂刻上一丝痕迹。忧虑、恐惧、缺乏自信才使人佝偻于时间尘埃之中。

无论是六十岁还是十六岁，每个人都会被未来吸引，都会对人生竞争中的欢乐怀着孩子般无穷无尽的渴望。

在你我心灵的深处，同样有一个无线电台，只要它不停地从人群中，从无限的时间中接受美好、希望、欢欣、勇气和力量的信息，你我就永远年轻。

一旦这无线电台坍塌，你的心便会被玩世不恭和悲观失望的寒冷酷雪覆盖，你便衰老了——即使你只有二十岁。

但如果这无线电台始终矗立在你心中，捕捉着每个乐观向上的电波，你便有希望超过年轻的八十岁。

所以，只要敢于有梦，勇于追梦，勤于圆梦，我们就能永远年轻！

千万不要动不动就说自己老了，错误地引导自己。年轻就是力量，有梦就有未来！

（五）诚信厚德

“人无信不立。”“天行健，君子以自强不息；地势坤，君子以厚德载物。”“人之德也不厚，则行将不远。”…… 古人关于诚信厚德的描述数不胜数。诚信守信，厚德载物是做人的本色。

我在经营企业的时候，坚持诚信经营，以德立业。

华强制衣与武汉商场做睡衣销售业务时，双方约定如果武汉商场有货卖不出去，可以退回工厂。有一次武汉商场在换季的时候，有价值两万五千多元的商品退回了工厂，可是由于工作人员失误，武汉商场只开了五千元的货单，少开了两万元。

仓库主管拿着五千元的退货单对我说：“报告一个好消息，

对方少开了两万元的单，我们白捡了两万元钱的货。”

我马上问：“你给对方的收货单是怎么开的？”

他说：“照他们的单开五千元啊。”

我说：“为什么不按实际开啊？你这样大错特错。你只考虑了赚钱而丢掉了诚信，要扣你一百元的奖金，因为你的思想达不到一个优秀主管的要求。”

但是主管不服气，觉得明明帮公司赚了钱，怎么还被扣钱。我说：“你丢掉了诚信和道义，这与我们的公司文化不相适应。马上把单补开出来寄过去。”

然后我打电话给武汉商场的陶经理，告诉他们少开了两万元的单，可以补开，武汉商场的人非常感谢我。因为在当时，两万元是一个很大的数目，他们每个月的工资才几十元，如果当时不给对方说明情况，那么两万元就要由这些员工赔偿，那会对他们造成多大的损失啊！

诚信是无价的，而且诚信会转化成声誉口碑传递出去。当时新疆百花村购物中心是新开的大型百货商场，他们前往武汉商场参观的时候，向武汉商场请教哪家的产品比较好卖，信誉比较好。武汉商场当即向他们推荐了华强制衣，而且把诚信退货的故事告诉了他们。当百花村购物中心了解了华强诚信经营的事迹后，就向武汉商场要到华强的账号，并且打过来三十八万元货款，让华强发货。当时我很吃惊，打电话问百花村购物中心的总经理，百花村购物中心的人从来没有来参观过华强，也没有与华强签订任何合同，就直接打货款过来，难道不担心华强不发货吗？百花村购物中心的总经理却十分自信，说他们信得过华强，他们觉得华强制衣口碑信誉产品俱佳。“信得过”三个字真是无价之宝，是用金钱换不来的。

在经营企业的过程中，首先要树立正确的价值观，视信誉为企业的生命。明白做企业是为了什么，应该怎么做企业。很多人认为做企业的目的就是赚钱，这样就会变成金钱的奴隶，为金钱所困。甚至为了赚钱，无视国家法律法规，不择手段，最终只能毁掉一切。其实，做企业是为了做对社会、对他人有意义的事，赚钱只是其中一种手段。在经营企业的过程中，要转变思维模式，不能单纯为了赚钱而赚钱，要诚信经营，做对得起合作伙伴、对得起国家、对得起社会的事。

黄金有价，诚信无价。**人无信而不立，业无信而不兴**。在金钱面前，必须清楚地认识到什么利益能要，能获得；什么钱不能要，不能获得。自己合法劳动所得，真心帮助他人，为他人创造价值而获得的回报，可以要；背弃诚信，违背道德法规的，有害于他人而自己获得的利益，坚决不能要。现代社会需要诚信，诚信是做人之本，是高尚的人格力量。诚信也是经营企业之本，是无价的精神财富和宝贵的无形资产。

秦末汉初，有个叫季布的人，一向说话算数，信誉度非常高，许多人都同他建立起了深厚的友情。当时甚至流传着这样的谚语：“得黄金百斤，不如得季布一诺。”这也是成语“一诺千金”的由来。后来，他得罪了汉高祖刘邦，被悬赏捉拿。结果他旧日的朋友不仅不为重金所惑，而且冒着灭九族的危险来保护他，才使他免遭祸殃。一个人诚实有信，自然得道多助，能获得大家的尊重和友谊。反过来，如果贪图一时的安逸或小便宜而失信于朋友，表面上是得到了“实惠”，但为了这点实惠却毁了自己的声誉，而声誉相比于物质要重要得多。所以，失信于朋友，无异于丢了西瓜捡芝麻，得不偿失。

诚信是中华民族诚信道德的准星。我们过去的杆秤上的第一等线上一两处刻着一个代表“福”的星，二两处刻着代表“禄”的星，三两处刻着代表“寿”的星。意思是经营过程中少给顾客一两，则少福；少二两，则少禄；少三两，则少寿；以此约束生意人。诚信是一个人最宝贵的品质，是心灵最圣洁的鲜花。

（六）宽容理解

好心态的主要标志就是宽容他人。宽容是一种能量，更是一种高贵的品质。一句宽容的话，一句善意的赏识，可能改变一个人的一生。

以前我单位办公室有一位职员，有一天上班无精打采，精神状态很差。我询问了她为什么这样。她说昨晚一夜都没睡好，因为她在中山大学工作的前任婶婶半夜不断打电话给她，说要自杀。我说：“那很严重啊。”她说：“更严重的还在后头呢。”这位前任婶婶说要杀她的现任婶婶。原来她的前任婶婶与她叔叔离了婚后不愿意见到新人幸福。刚开始几年约定好为了让孩子考大学，离婚不离家。后来孩子考上了大学后，她叔叔就与广州大学的一位讲师结婚了。她前任婶婶想不开，想杀死这位顶替她位置的人，然后自杀。

我听后觉得问题非常严重，觉得必须及时帮助她，以免使双方的家庭酿成惨剧。我说："你今天不用上班了，马上回去陪她，跟她说有一个好消息要告诉她，我明天八点钟去接你们。"其实第二天我们赏识教育在体育宾馆办家庭和谐培训班，我想借这次机会帮助她的前任婶婶。第二天八点二十分准时在体育宾馆见到她前任婶婶的时候，我们非常震惊。她整个人脸无血色，眼露凶光，就像仇恨的怒火在喷射。我热情地与她打了招呼，告诉她十点钟会告诉她一个好消息。让她先在讲课大厅稍等。

十点钟培训中场休息的时候，我把她带到单间休息室与她谈话。我先倾听了她的苦楚，她说到痛处怒火中烧，痛不欲生。我只是静静地同情地对她点点头。最后我说："我非常同情和理解你。"随后，我让她平静考虑几个问题：

第一个问题是："你如果不去杀人，也不想自杀的话，怎样才会好一些？"她说，想让她的老公回到她的身边。

我接着提出第二个问题："如果你的老公回到你的身边有什么好处？有什么坏处？"她说，好处就是她没有这么痛苦，坏处就是他们俩会很痛苦。

我接着提出第三个问题："如果他不回到你的身边，有什么好处和坏处？"她说："好处就是他们开心，坏处就是我自己痛苦。"

我说："这两种结果相比，在不考虑自己的情况下，公正地综合评比结果是哪一种？"她若有所思。我说："当然是后者，因为你老公回到你的身边，你们三个人，有两个人大痛苦，一个人小痛苦；如果他不回到你的身边，就有两个人开心，一个人痛苦。”她认可了我的观点。于是，我接着说：“这就对了，他不回到你的身边，综合效果会更好。”

她反问我她自己痛苦怎么办。我说：“你的痛苦我帮你消除，你能成人之美，你就能美人自美。既然他们已经结婚，你就放下，让他们去，而你要思考怎样让你变得开心。”她说，她开心不起来。我说告诉你的好消息就是让你开心起来。她反问我说：“为什么你的道理与别人说的不一样？”她说，她的所有亲戚朋友都说她这么蠢，这么优秀的老公不能让别人抢去，要抢回来。因为她老公是高校的博导，本来她内心深处也想放下，但周围的人都怂恿她不要放下，给她造成了无形的压力，使她纠结、迷茫、痛苦、愤怒。只有我告诉她放下痛苦和仇恨，成人之美，美人自美。

听了我的话后，她有所释怀。但又马上追问我她再也开心不起来怎么办。我问她：“按一百分计算，你老公爱你有多少分？”她说有三十分。我说：“你爱你老公有多少分？”她说有七十分。我说：“那你爱你自己有多少分？”她说有二十分，有时甚至很讨厌自己。我说：“这就是问题的症结根源，你自己都讨厌自己，怎么能有能量爱别人呢？而且你老公只爱你三十分，你爱他七十分，这也不公平啊。你们的关系怎么能和谐呢？”她问我那该怎么办？我又问她：“你现在是不是失去了一个老公？”她说是。我说：“你知不知道很快有千千万万个老公正向你走来。”她说还能有吗？我说：“绝对有。你有这么美丽的身材、优秀的条件，又有善良之心、美德之行，我会帮你找一个比你老公强十倍，爱你一百分的老公。你信不信？”她说信，到此刻她的脸上终于绽放了笑容，心中的怒火顷刻消融。我趁此机会又告诉她：“其实你失去一棵树，得到的是一大片森林，冬天过去，春天就来了，你要喜欢你自己，爱你自己一百分。”并且告诉她让她参加这两天的培训，同时安排公司人员陪她参加这两天的培训。培训后第三天早上她打了一个电话给我，对我说：“陈总，谢谢你，我八年来终于第一次能够睡一个甜美的安稳觉了。”我说：“祝贺你。”

几个月以后临近春节，她来我公司，说要感谢我，我几乎都认不出她来了，因为她心中的毒草已经消除，在她心中已经开满了美丽的鲜花，整个人焕发了青春活力。我打趣地说：“我现在给你介绍的人可能都要排队了啊。”她会心地笑了。

真心希望大家，特别是谈恋爱的朋友们能从这个真实的案例中得到一点启示。有缘就好好相聚，珍惜相处的时光。既然分手了，就衷心祝福对方，学会放下，学会放手，学会宽容，学会释怀。千万不要因爱生恨，找对方报复。更不要自己钻牛角尖，想不开，自残、自杀为自己带来更大灾难。要避免这种情况发生，核心点就是年轻人要修炼自己成人之美、美人自美的心智模式，凡事换位思考，多替对方着想，发现矛盾一定要在自己身上找原因。我们的心是一切爱恨的根源，爱是一切的美好结果。能够做到这一点，你的人生时时有鲜花，处处是美景。

“良言一句三冬暖，恶语伤人六月寒。”这真是千古良言。语言可以感动人，也可以伤害人。如果语言伤到了人，即使事后会有所恢复，但是伤害的痕迹却很难抹去。所以，在平时的生活中，一定要善良宽容地对待身边的人，不要让刻薄恶毒的话从你的口中说出。

人与人之间常常因为一些彼此无法释怀的怨怒而造成永远的伤害。如果我们都能从自己做起，宽容地看待他人，相信一定能收到许多意想不到的结果……帮别人开启一扇窗，也会让自己看到更完整的天空。

（七）无私成私

勇于奉献，不仅能够帮助他人，也能够帮助自己。无私的心有时会为人带来福报。如果你抱着无私的心态帮助别人，在不经意之间别人也会帮助你，从而实现你的心中所愿，尽管你本没有成就自己的打算。

有许多人在河边捕蟹，他们都背一个大蟹篓，但多数没上盖。许多初到的人很好奇，提醒他们说：“蟹篓不盖上盖子，不怕抓来的蟹跑掉吗？”这些捕蟹人都笑了：“蟹篓可以不盖，因为要是有蟹想爬出来，别的蟹就会把它钳住，结果谁都跑不了。”

生活中，有的人像蟹一样。好多年前，深圳某外贸服装厂和福利皮鞋厂都发生了火灾。这个外贸服装厂里都是身强体壮的年轻人，发生火灾的时候，当时正在上班的员工都争先恐后地往外跑，因为大家互不相让，互相拥挤，结果只跑出了一小部分，死亡二百多人。

过了没多久，福利皮鞋厂也发生了火灾，但是工厂的工人都是残疾人。在发生火灾的时候，大家非常有秩序地相互礼让地全部逃出了火海，而且没有任何伤亡。

这两个厂的火灾实例揭示了一种哲理：灾难来临时，自私毁私，无私成私。当人们只顾自己，不顾他人的时候，不但生命得不到保障，还会失去更多；当人们顾及他人，不顾自己的时候，反而能得到，并且得到更多。

第四节　人生五观

树立正确的人生观可以为人生指明方向，找到人生前进路上的明灯。那么人生五观主要包括哪些呢？

一、人生观

人生观是指人们对人生的根本态度和看法，包括对人生价值、人生目的和人生意义的基本看法和态度。它是人的世界观的重要组成部分。人的世界观有两种表现形式：一种是向外看的物质、金钱和权欲；一种是向内看的精神、伦理和道德。如果人们一味追求物质、金钱、权欲，荒废自身的精神、道德、修养，那么即使有了物质、金钱、重权，也不会快乐，这也就是有钱的人多而幸福的人少的根源所在。

人生的价值作用取决于为社会、国家、民族、人类创造了什么，奉献了什么。一个人给社会创造的财富越多，给人们提供的帮助越多，那么给社会带来的正效价值就越大。

如果他给社会的发展带来的阻碍越大，给人们带来的伤害越多，那么他给社会带来的反效就越大。人生的价值，是正效还是反效，取决于是否拥有正确的人生观。有正确的人生观、道德品格高尚并且行为积极正向的人，往往给社会创造的是正效价值，是最受欢迎和尊敬的人；没有正确的人生观，道德品格败坏并且行为消极反向的人，往往给社会带来的是反效，是人们最讨厌和憎恨的人。

人们总是习惯在物质、金钱、权欲这三个外在维度去追求人生幸福，甚至不择手段，巧取豪夺，见利忘义，结果导致左冲右突，产生众多的矛盾和纠结，把灿烂的生命折磨得百孔千疮，把本然的生命搅得面目全非。

人们如果能够在本体、本然、本真这三个维度向内心世界探索，反思自己，反求自己，在内积聚感恩能量，对外竭尽全力奉献，那么，这样的人生将是幸福欢乐、吉祥如意、充满智慧的人生。为了能够过上这样的人生，必须从以下维度去思考：人必须从自身的本体维度去思考，人为什么活着？人生存的意义是什么？人应当怎样活着？这是人生永恒的方程式。

人活着就是为了创造：创造价值，创造成就，创造财富。

人活着就是为了奉献：奉献青春，奉献热血，奉献真爱。

这里，用一首心灵与生命对话的诗来阐述正确的人生观，可以给生活带来快乐，给人带来欣喜，给人带来拥抱万事万物的美好情怀！它是“人为什么活着？人生存的意义是什么？人应当怎么样活着？”的最好解答。

这首小诗可以说明我在人生旅途中是如何敞开心胸去接纳、去表达的。

善爱吧！宝贵的生命

■ 陈进辉

我要用生命的喜悦去爱每一天
——它给我爱的能量，打开心扉，滋润心田；
让我的内宇宙与外宇宙同一同体，同在同欢；
让我奉献至真至诚的爱，遍及四面八方。

我要用生命的喜悦去爱自然
——它让我心灵的甘露润泽方圆；
让我爱心的源泉不断涌现；
让我精神的绿洲灌溉家园。

我要用生命的喜悦去爱太阳
——它给我光明，给我温暖；
让我看到了自然的美景，人间的美卷；
让我享受了明媚的阳光。

我要用生命的喜悦去爱夜晚
——它给了我宁静，给了我安详；

让我看到了繁星闪亮；
让我沐浴了柔美的月光。

我要用生命的喜悦去爱四季
——春有百花秋有月，夏有凉风冬雪扬；
让我欣赏了季节的奇妙变幻；
让我领略了四季的美丽风光。

我要用生命的喜悦去爱晴天
——它给我碧空万里，视野无边；
给我白云朵朵，彩霞飞扬；
让我心旷神怡，舒畅爽朗。

我要用生命的喜悦去爱雨天
——它扫除了炎热浊气，给我清新空气；
它滋润了让万物生长的广宽大地；
让我能润泽甘露，神情酣畅。

我要用生命的喜悦去爱高山
——它稳重厚实，峻拔伟岸；
它给我森林浩瀚，给我绿色苍苍；

让我脚踏实地，气宇轩昂。

我要用生命的喜悦去爱大海
——它博大宽广，容纳百川；
它气势磅礴，万丈波澜；
让我舒展心门，胸怀宽广。

我要用生命的喜悦去爱流水
——它品质纯洁，滋润万物，默默奉献；
它顺应自然，朝大海目标，雕山刻石，势不可当；
让我学会融合，学会付出，感悟上善若水的内涵。

我要用生命的喜悦去爱父母
——他们生我养我，千辛万难；
他们教我育我，废寝忘餐；
让我感恩励志，快乐成长。

我要用生命的喜悦去爱人类
——他是万物的精灵，地球村的伙伴；
他们都有先觉、自主意志、创造力和善良；
让我明了人类相互依存之重，相互关爱之欢。

我要用生命的喜悦去爱领袖
——他高瞻远瞩，掌舵领航；
他日理万机，保民安康；
让我爱戴之心涌现，敬仰之情肃然。

我要用生命的喜悦去爱百姓
——他们勤劳善良，默默奉献；
在不同领域，绘制出五彩缤纷的画卷；
让我生活方便，享用尽然。

我要用生命的喜悦去爱朋友
——他们给我关爱，共同分享；
让我感受互爱的温暖，拥有互助的力量；
让我充满信心，不再孤单。

我要用生命的喜悦去爱对手
——他让我成熟，给我挑战；
让我增长智慧，化解对抗；
让对手转化为朋友是我的心愿。

我要用生命的喜悦去爱事业
——它给我成长机会，让我扫荡艰难；
让我坚定了意志，体验了坚强；
让我领略了创业的辛劳，享受了成功的风光。

我要用生命的喜悦去爱困难
——它给我挑战机会，让我锻炼成长；
把困难留给自己，将方便让给对方；
让我沟通无阻，事业通畅。

我要用生命的喜悦去爱表扬
——它给我信心，给我力量；
让我动力十足，干劲倍添；
让我再创佳绩，策马扬鞭。

我要用生命的喜悦去爱批评
——它让我看到了不足，明白了缺陷；
它是我进步的阶梯，成功的基奠；
让我不断进步，增益内涵。

我要用生命的喜悦去爱委屈

——它是我学会宽恕，扩展胸襟的机缘；
让我修炼自己，一切都能海涵；
让我自信如常，彰显人格的魅力。

我要用生命的喜悦去爱进步
——它让我每天都有新发现，新起点；
让我日新月异，业绩斐然；
让我一路欢歌，征途酣畅。

我要用生命的喜悦去爱失败
——它是我成功之母、纠错灵丹；
让我磨炼意志，拒绝悲伤；
让我吸取教训，重新起航。

我要用生命的喜悦去爱成功
——它是汗水的结晶，智慧的光芒；
让我引以为荣，豪迈舒畅；
让我再接再厉，再创辉煌。

啊！让我用生命的活力去爱一切吧！
大千世界就会折射出七彩虹光。

让我用生命的大爱去献给世界吧！

蕴含着美的靓色就能永飘善的芬芳。

这首小诗不是我刻意创作的，而是从我胸中自然流出的，像涓涓细流，流淌在我人生的长河里。其主题就是广布慈善、真诚、大爱。它既是我心灵的写照，也是我快乐幸福的分享。

二、价值观

价值观是衡量人生意义的准绳。人生的价值有正效价值，也有反效价值。人生价值的大小通常表现在个人对事物、对他人、对社会乃至对民族、对国家、对世界的贡献的大小上。价值观往往是人生观的最直接体现，人生观非常重要，它决定我们的人生选择什么目标，走什么样的人生路。我们一定要对价值观有非常清晰的认识，可以说价值观决定了人生的成败。

价值观包括两种：正确的价值观与错误的价值观，不同的价值观会导致不同的人生之路。

正确的价值观有感恩仁爱、勤奋工作、奉献进取、乐于助人、诚信厚德等。选择正确的价值观，你走的就是光明的、幸福的、快乐的人生路。

错误的价值观有抱怨仇恨、懒惰索取、麻木不仁、欺上瞒下、招摇撞骗、违纪违法等。选择错误的价值观，你走的就是黑暗的、悲哀的、痛苦的人生路。

生活中某件事做得好与坏，有时对我们的影响并不大，做不好可以重新做。但是选择什么样的人生价值观对我们的影响非常大，因为人生是一次单程旅行，没有重来的机会。历史上的英雄豪杰、圣贤人物，不就是因为有正确的价值观，选择了一种对国家、对人民有益的人生方向，才留下千秋功业，福泽后人，名扬天下吗？如著名的都江堰水利工程建设者李冰父子，他们在历史上留下了光辉的一页可谓流芳千古，是千千万万圣贤人物的代表。

现在是中华民族伟大复兴、实现中国梦的关键时期，金钱、名利让多少人在功利的旋涡中不能自拔，因此，正确的人生价值观更显现出非比寻常的价值。大丈夫、英雄儿女，应该志存高远、心怀天下，站在社会、国家、民族的高度，为实现中国梦而尽职尽责，贡献最大力量，如此才能彰显价值，拥有有意义的辉煌人生。

三、家庭观

家庭是社会的细胞。我们的祖先几千年前就提出了“修身、齐家、治国、平天下”之人生信条。家庭的和谐，关系到团队的和谐，更关系到社会、国家的和谐。上面所说到的“修身、齐家、治国、平天下”是一个层级递进的人生和社会的和谐哲学。

“弥国之隙为大忠，补父之弱为大孝。”如果国家的发展在经济制度或政治制度等方面出现了这样或那样的问题，你不是责骂，而是在你力所能及的范围去弥补改善，这是对国家的忠诚；如果你的父母存在弱项，你不是去抱怨责怪，而是通过你的努力去改善，去超越你的父母，这就是对父母的大孝。

正确的家庭观，表现为大孝，仁爱，宽容。

对父母尽孝表现为孝顺，感恩。作为儿女能够慰父母之心，长父母之志，补父母之弱，可称为大孝。我们要用终生的行动去感恩父母，要用一生的信念去孝顺父母。

对爱人尽责表现为大爱，体贴。爱对方之长，是平常的爱；爱对方之短，是大爱、真爱、包容的爱、宽广的爱。

爱对方的优点，是每一个正常人都能够轻易做到的。爱对方的缺点，就不是每个常人都能轻易做到的了。为什么现在的离婚率越来越高，家庭纷争不断？其根源就是只喜欢对方的优点，讨厌憎恨对方的缺点，没有用包容的心态去正确地看待他人。因为凡人不是神，凡人都有优点，也一定有缺点。很多人因为婚前不了解对方的缺点，甚至把婚前的缺点也视为优点，但是婚后就不再看对方的优点，只看对方的缺点，因而开始埋怨对方。不断找寻别人的缺点，结果发现其缺点越找越多，双方的矛盾也就越来越大，最后导致离异，影响了自己也影响了孩子，留下了终生遗憾。

对孩子尽责表现为真爱，会爱。相信每位父母都很爱孩子，但有些父母确实太不会爱孩子。由于爱的方向出了问题，导致爱的态度出了不协调色彩，表现在功利的爱、狭隘的爱、自私的爱。父母时常把自己的意愿强加给孩子，认为你是我的孩子，你必须听我的话，不管自己做的是对是错。特别是经常辱骂孩子这种破坏性的批评，给孩子造成的心理影响非常大，对孩子经常拳脚相加更是一种毁灭性的打击，会让孩子的人格扭曲，活生生地把一个本来好好的孩子摧残成坏孩子、问题孩子。这实在是可悲、可恨又可怜。可悲的是，有些父母教育孩子只有功利心态，缺乏全纳的爱；可恨的是，教育简单粗暴，缺乏耐心诱导；可怜的是，上辈遗传下来的不打不成才的错误观念是缺乏全纳思维的。总之，这种家长只要成绩，忽略孩子的总体成长；只要利益，轻视孩子的个性发展；只要听话，忘却了孩子的灵动。为什么上学前灵动活泼可爱的孩子，上学后却渐渐黯淡无光，这必须引起家长的深思和反省。

对孩子尽责，就是要让孩子心灵清澈舒展，注意孩子的身体健康、心灵健康；培养孩子正确的知见，培养孩子有明确的方向。一句话就是，培养孩子拥有高尚的人格，拥有智慧的人生。

之前我接触过一个班里成绩倒数第一的孩子。其实这个孩子刚开始的时候学习很好，并不是班里的最后一名。我看到孩子的时候，感觉那个孩子整个人都非常消极。我了解到，孩子的父母给了他很大的压力，一旦考试成绩不好，就横加指责；孩子的心灵本来比较脆弱，这个孩子经不住父母的一再打击，渐渐就对学习失去了信心，变成了班里的最后一名；孩子父母不能接受自己孩子是最后一名，孩子也非常痛苦。

了解情况后，我对孩子说："其实成为最后一名是一次非常好的体验机会，你要正确对待这个机会。"听到这里，孩子眼中流露出吃惊，因为从来没有人说过当最后一名的好处。我进一步解释当最后一名的三大好处："首先，最后一名也是班里的生员基础，就像大楼的地基一样，有了地基才有后来的高楼大厦，你为班里做出了很大的贡献；其次，最后一名也是全班进步空间最大的，第二名的进步空间只有一个名次，而最后一名可以进步的层次是班里最多的，所以你只要稍微一努力，就会比全班所有人取得更大的进步；最后，最后一名的抗挫能力最强，你连当最后一名都经历了，以后走上社会，你的抗挫能力一定会比其他人强一些，很多挫折都不能轻易把你打垮。”

孩子听到这里，终于释然了，因为从来没有人认可过他，身边的人对他只是感到绝望和痛心，在这些负面情绪的包围下，孩子看不到一点希望。我对孩子的认可，让他重新拥有了希望。我进一步对他说：“既然最后一名有这么大的进步空间，只要我们努力，我们就会一点一点前进，成绩也会上去的。”后来，这个孩子确实在一点一点地进步，并重新找回了乐观和自信。

至此，我想送上一段对孩子世界天性的认知及教育的奥秘给大家——

流水千变万化，共同的天性，都是水往低处流。

树木千姿百态，共同的天性，都是树往高处长。

孩子千差万别，共同的天性，都是人往高处走。

明了了孩子的天性，就找到了教育的方向。

大自然千差万别，人何尝不是如此。

四、事业观

事业观是人们对事业的认识态度、观点、行为。它是关系事业格局、事业大小、事业成败的关键点、核心点。

事业表现在每个人一生所从事的工作内容、工作态度、工作时间、工作强度、工作效率、工作成效等之上。也就是，事业表现要看一个人给单位带来了什么样的价值，给社会创造了什么样的财富。做事业不一定是自己创业才叫作事业。在单位工作，在各个岗位尽职尽责，把每一份工作都做得精益求精、完美无瑕，这也叫作事业。

怎样才能有正确的事业观呢？正确的事业观就是明了做事业的真正意义，是为人类造福，给他人帮助，是创造，是奉献，是合作，是担负责任。它是事业发展的内核和动力。

一个人所从事的工作做出了业绩，做出了成效，得到了公众的认可与尊敬，这叫作事业有成。一个人赚了很多钱并不一定就是事业有成。如果赚的是昧心钱，投机取巧，欺上瞒下，假冒伪劣，所赚的钱是以牺牲他人的利益，污染健康的社会人文精神，牺牲文化环境与自然生存环境为代价，那么事业做得越大，破坏性就越强。

树立怎样的事业观需要引起事业创业者和事业经营者，以及事业从业者的深思。我们所做的工作有什么价值？不能单纯从务实的表层角度来讲，而忽略了其他价值，只认为有钱赚就行，有工资收入，有奖金收入，有利润收入就行。最重要的是，要扪心自问，自己所从事的事业给他人提供了多少帮助，给国家带来了多少财富，给社会带来了多少边际效益。如果对他人有帮助，而且是有成效的帮助；如果带来了财富，而且是有利于国家民族的财富，那么你所从事的事业就有意义，有价值。价值越大，帮助越大；财富越多，事业就越有意义。

一些百年企业、著名老店为什么长盛不衰？为什么能够永续经营？究其根源就是事业观正确，践行了企业经营之道，以义取利；道义思考在前，获利思考在后。就是说，企业经营一项产品，不能光考虑有用、有人买、能赚钱。做事业如果光考虑利益，这属于“术”的范畴，我们还应该考虑有价值和意义，上升到“道”的范畴。

做事业，不管是创业者还是就业者，心中必须有一根道德底线，脑海里必须有一根伦理弦，眼里必须有一把法律利剑。一定要明了什么事能做，什么事不能做；什么业能创，什么业不能创。

“苟能利益家与国，终生不悔永追求。”多少家国之士是如此对待事业的。有利于国家、社会，有利于自然环境，有利于人文环境，有利于消费者健康，能帮助到他人，符合国家法律法规的事业，无论大事还是小事，不管大业还是小业，我们都可以大胆、勇敢、理直气壮地去做，去创。而不利于国家、社会，破坏自然环境，污染人文环境，不利于消费者健康，不能帮助他人，违背国家法律法规的事业，无论大事还是小事，不管大业还是小业，我们都千万不能去做，去创。否则，害人害己，遗憾终生。

五、金钱观

金钱观就是人们对获得金钱的看法。为什么要获得金钱？获得金钱背后有什么意义？这是务虚；如何正当地获取金钱？这是务实。

金钱人人都想要。但古语有云：君子爱财，取之有道。因为从本性来讲人都是趋利避害的。人们都希望获得利益，这没有错。错的是有些人为了金钱，冲昏了头脑，忘却了道义，违背了法律，不择手段，巧取豪夺，结果成了金钱的奴隶。

俗话说：人为财死，鸟为食亡。人们为了财物，追逐一生。有的人为了财物，犯科抢劫，图财害命，结果被抓后饱受牢狱之苦，有的甚至断送了自己的生命。这种纯粹为个人享用而逐财的人，最终像鸟兽一般为食而亡。这样的人已不在道义之列了。

金钱，千百年来都是芸芸众生追求的目标，都是众多企业追求的目标。人们对金钱如痴如醉，梦寐以求，然而有些人得到了金钱也不开心，得到了很多金钱也不幸福。为什么会这样呢？因为他们缺乏正确的金钱观。那么什么是正确的金钱观？什么是错误的金钱观呢？

正确的金钱观是把赚钱当成工作生活的手段，当成创办、经营企业的手段，而明了工作、办企业的目的是在遵循法律法规的前提下，为他人提供帮助，为社会创造财富。有正确的金钱观才有一生的幸福；没有正确的金钱观，只能苦度人生，煎熬人生，甚至毁掉人生。

有些人见钱眼开，利令智昏，无视国家法律法规，无视他人生命安全，丧尽天良，作恶多端。如在2013年年底，广东公安机关在陆丰博社村，抓获制毒贩毒人员一百八十二人，捣毁十八个贩毒团伙、二十七个制毒工厂和一个炸药制造窝点。缴获冰毒近三吨、K粉二百公斤、制毒原料过百吨、枪支九支、子弹六十二发，全村近二成人都参与制毒贩毒，很多妇女、学生都参与其中，实在是触目惊心。这些不顾道德和法律获取不义之财的人，最终都被绳之以法。

毒贩们都赚钱了，全村很多毒贩都住着豪华高档的别墅。但他们赚的是昧心钱！他们的享乐是以伤害多少人的人生为代价的啊！同时给社会也带来多大的灾难啊！成千上万人因他们的作恶而妻离子散，家破人亡。

钱能帮助人，也能害人。关键看你是否能做金钱的主人，明了金钱的意义。金钱是人类的使用工具。当你懂得通过金钱这一人生必不可少的工具来勤奋工作，给社会创造财富，给他人提供帮助的时候，你就会得到回报，金钱才有价值和意义。厚德载物就体现在这里。更有意义的是当你拥有了金钱之后，懂得感恩社会，回报社会，多做慈善，让你拥有的金钱发挥更大的价值。世界首富比尔·盖茨把大部分的金钱都用来做慈善公益事业，他的慈善行为诠释了金钱的意义，是值得每个人，特别是企业家们学习的。伟大的爱国诗人陆游晚年写了一首诗："天风无际路茫茫，老作月王风露郎。只把千尊为月俸，为嫌铜臭杂花香。"他在生活中生怕铜臭吞食儒雅，写诗为志。其淡泊不仅让他快乐、长寿，也给后人留下宝贵的精神遗产，他自己也成为人们千古景仰的大诗人。

每个人都爱金钱，都希望获得金钱，但每一个人都必须清楚地认识到什么钱能要，能获取，什么钱不能要，不能获取，很多人就是因为这一点模糊不清，该要的要了，不该要的也要了，结果断送了前途，断送了年华，甚至断送了生命。那么什么钱能要？什么钱能获得呢？在遵守国家的法律法规，遵守公序良俗，遵守道德伦理的前提下，在不破坏自然环境和污染人文环境的前提下，你为社会创造了财富，你为他人提供了帮助，你获得的金钱回报，能要。比如你的有益工作的工资、奖金回报，能要，该要；你生产经营或创造有使用价值的物态产品或文化产品所获得的利润回报，能要，该要。

那么什么钱不能要，什么钱不能获得呢？如果违背国家的法律法规，背弃道德伦理，破坏自然环境或污染人文环境，你生产经营的就是对人有害的物态产品或精神文化产品，所获得的金钱千万不能要；通过贪污受贿获得的金钱，千万不能要；通过欺骗害人获得的金钱，千万不能要。这些钱你如果要了就会为金钱所害。古代讲的富而贵，一个“贵”字不光指权力、位置有多高，更强调的是一种儒雅风度与人生品格。如“非典”期间，广东有一个防治所的领导，通过“非典”疫苗的发放收受了两千多万元的现金贿赂。结果为如何安置这些钱，他惶惶不可终日。钱放到银行，容易被发现，钱放到家里又不安心，最后他租了一间房，把钱放到床底下，还是不放心，因为怕小偷光顾。结果因为这些不义之财他没有一天过得安宁。后来东窗事发，这些钱全部上缴了国家，他为钱所苦的心才稍微安宁，但他的人生前途已经被金钱断送。

如果你能够把握获得金钱的法律底线和道德底线，不超越、不突破这一底线，那么你所获得的金钱将为你的人生造福，为你的家人造福，为社会造福，为国家造福。“为官公廉，居家恕俭。”如此对待金钱，你才能获得心安。如果超越了这一底线，你获得的金钱不但不能够帮你反而还会害你，让你悔恨终生，甚至断送生命。

前文说过，人生是一次单程旅行，无法重来。事情做错了可以重做，人生路走错了无法重走。所以，如何选好人生路、走好人生路至关重要。有的人在痛苦生活煎熬人生，有的人在应付生活苦度人生，而为什么有的人却可以愉悦生活、品味人生呢？根源在于你的工作、生活、人际交往是在仇恨、抱怨、索取之中，还是在感恩、感念、奉献之中。所以，我们想过幸福的生活，就必须学会感恩、懂得感恩、习惯感恩、勇于奉献、乐于创造，感恩一切。如此，才能幸福终生。

让我们终生都能修炼健康的身心吧！

人生最宝贵的财富是健康，

人生最健康的保障是安全，

人生最安全的根源是善行，

人生最善行的原点是善念。

让我们终生都能彰显我们心中本来就有的善念吧！

发出至诚的真心，

珍惜天然的善心，

奉献无偿的爱心，

收获快乐的舒心。

让我们终生都能用美丽的眼神去看世界的一切事物吧！

善解人意发现美，

与人为善表达美，

善待他人享受美，

善念善行弘扬美。

让我们终生都能用仁德之光去照亮生命的坦途吧！

打开善良的心窗，
凸显真我的心灵，
滋养仁德的心田，
领略幸福的心情。

一盏灯光微不足道，
但当你用它来点亮千万盏灯的时候，
大家都辉煌。
一句箴言微不足道，
当你用它来开启千万颗心的时候，
大家都高尚。
一声祝福微不足道，
当你用它来送给千万人的时候，
大家都吉祥。
让我们的人生都辉煌、高尚、吉祥！

第二部

就业

就业之航向何方？定位不准路迷茫。

朝三暮四业难就，被动从业苦难当。

为了生活凑合干，为了工作应付忙。

为了事业乐奉献，德才兼备诚者昌。

学生毕业之后走上社会，必然要面临就业的问题。就业是影响一个人人生轨迹和生活质量的重要事件。如果你上班的时间是幸福的，下班的时间也是幸福的，那么你的人生就是充实幸福的人生。

就业成功奥秘图

就业目的	就业境界	就业状态	就业效果	心里感受	成功程度
为事业	高	积极主动 刻苦钻研	好	愉悦	高
为工作	中	稍微认真 被动服从	中	疲劳	中
为生活	低	消极被动 马虎应付	差	辛苦	低

第一章　择业方略

择业的前提是：定好人生目标。为了实现人生目标，需要制定人生规划，因为只有制定人生规划才会让你的生活变得目标明确，才会让你择业时有精准的定位，减少迷茫。

第一节　择业前应明白的几个概念

一、职业生涯、职业规划

（一）什么是职业生涯规划

大家都知道，“生”指活着，“涯”指边际、极限，“生涯”是指一个人终生所有经历的过程，是人一生的发展轨迹。

“职业生涯”指人一生中所从事的主要职业，不是指平常所做的具体工作。如艺术家的艺术生涯、文学家的文学生涯、医生的济世生涯等。

“职业规划”是为自己的“职业生涯”提前做出的行动计划，是把个人和组织相结合，制定自己“职业生涯”的方向目标。具体来说，职业规划就是对自己的职业生涯的主客观条件进行测定、分析、总结、研究，并在这个基础上对自己的兴趣、爱好、能力、特长、经历和不足进行综合分析与权衡，然后根据时代特点，结合职业与兴趣，确定其最佳的职业奋斗目标，最终为实现这一目标做出行之有效的计划。

职业生涯规划主要解决以下问题：你打算选择什么样的行业、职业？加盟什么组织？想达成什么样的成就？想过一种什么样的生活？通过怎样的努力达到你的目标？

（二）职业生涯规划的意义

职业生涯规划既包括个人对自己进行的个体生涯规划，也包括政企事业单位对员工的职业规划管理体系。职业生涯规划起步阶段是成功就业。在职业发展阶段会有困惑和各种困难，甚至需要对原来的规划做出调整，但最终会通过个人努力奋斗实现自己的目标。

在当今社会，没有能力，只有劳力，忙忙碌碌，到处做苦力的人，对“职业生涯”规划是无所谓的，因为他们无法做出规划，没有追求和梦想，他们的一生仅是为了糊口而已。

初中生和小学生靠父母养着，绝大部分人不知道生活中的艰难，也不知道社会现实，想当将军、工程师、大老板、医生、官员、明星的比比皆是。有梦想固然好，但如果不从小做出“人生规划”为之努力奋斗，这一切也只是想想而已，无法变成现实。大学生就不同，大学生已经知道实现理想是需要条件的，也渐明社会的复杂与残酷，知道没有一番雄心斗志和艰苦奋斗是很难成功的。一个有自信、有理想的人，不愿意一生碌碌无为，因此在未步入社会前，进入大学校门之后，就得考虑自己这一生究竟要做什么样的人，选择什么样的职业，规划自己的“职业生涯”，甚至对自己的一生做出规划。

（三）职业生涯规划的实施

职业生涯规划包括四个方面：自我分析、设定目标、实现目标的策略、评估与修正。

在自我分析方面，要回答以下几个问题：你能干什么？政企事业单位为何聘用你？你能创造什么价值？对这些问题的回答需要经过慎重的考虑，需要仔细地审视自己。简单归纳起来，在自我分析方面，主要关注的就是目标、方法、效果。

制定目标对职业生涯规划有重要的作用，目标一旦设定，就不能随便改变。并且人应该立长志，而不是常立志。频繁地更改目标也会耗费精力，因此，目标的设定一定要慎重。目标一旦设定，就不能随意更改，要一心一意地向着既定的目标前进。选定目标之后，要选择合适的策略，并且在必要的时候进行评估与修正。职业生涯规划一旦完成，就要坚定地执行下去。再优秀的计划，没有优秀的执行力，也只能是一纸空文。

二、就业、求职、创业

就业指有一份可以获得报酬的工作；求职指在政企事业单位中去找一份职业；创业是指通过自己的力量，建立有自主权的企业，开发有自主权的产品，开展自己决定的业务，招聘自己的员工，简单来说，就是自己当老板。

求职有两种类型：一种是没有生涯意义的短暂行为，即寻找一份有报酬的工作。它可以是自己并不喜欢的行业，仅是为了眼前谋生而已，主要发生在没有专业技术或者急于解决生存问题的人群之中，也是跳槽族的基础人群。二是具有生涯意义的起始阶段或中继过程，即寻求与自己追求的职业相吻合的岗位。主要发生在有经济实力支撑的人群之中。求职的艰苦程度小、风险小，但求职成功需要技巧，需要了解自己和社会，更需要有正确的心态。创业的艰苦程度大、风险高，创业成功主要靠智慧和耐心。无论求职还是创业，首先都得有选择方案，没有目标地乱闯，结果会碰得头破血流。

三、择业三维方案

在几何学和空间理论中，“维”是构成空间的视觉、听觉、触觉的层次概念。有时空结合所突出的因素，如长、宽、高、短暂、久远等。一个人一生所从事的各种职业构成了这个人的职业空间，没有目标的从业者的职业空间是杂乱无章的。合理的职业空间应该是有序的，这种有序需要初期的择业规划。

“IVW 方案”是一个择业的三维方案。“I”是一维的，“V”是二维的，“W”是三维的。用“IVW 方案”建立择业规划是比较稳妥的。

“I”是根据最喜欢的行业、职业和地点选择就业的第一条路，因此“I”叫作第一方案。

“V”是根据自己比较喜欢的行业、职业和地点选择就业的第二条路，因此“V”叫作第二方案。人们在择业第一方案走不通时便会选择第二方案。

“W”是备用应急方案，选择的是与自己专业不对口，与第一、第二方案毫不相关的职业。“W 方案”可以是一个框架，因为它实际上就是一个转行的预备方案。人们在择业第一、第二方案走不通时实施的第三个应急方案就是择业第三方案。

择业三维方案排序如表 1 所示。

表 1　择业三维方案排序表

方案	维度	职业	特长	专业	待遇	地点
第一方案	一维	最喜欢	最擅长	对口	满意	合适
第二方案	二维	比较喜欢	潜在专长	相关	尚可	较合适
第三方案	三维	不对口	待学习	待学习	勉强	不限

第二节　职业生涯的三个步骤

职业生涯的三个步骤是：源点、起步点和加速点。“三个步骤”对人的职业生涯起着关键作用。大学生职业生涯规划的源点在职业准备阶段，起步点在职业选择阶段，加速点在职业适应阶段。

一、源点：职业生涯准备阶段

你准备好了吗？俗话讲有备无患。但很多学生对这个问题的回答声不会是很响亮的。因为专业知识技能到底掌握了多少，其中含有多少水分，这些只有自己清楚。很多人在学校时，应付式的学习较多，真正通过内心去体验的学习较少。这也是不少大学生就业后没有工作能力的根源所在。

比方说，你在学校是学管理的，那现在就叫你去搞管理工作你能行吗？管理别人的秘诀是首先管理好自己，你修炼好了吗？你有这样的能量去影响下属吗？如果没有怎么办？你必须先放低姿态，脚踏实地从基层做起，从被人管中汲取营养，然后你才能慢慢学会管好别人。职业生涯的准备阶段是从走进大学的第一天起直到毕业。在这几年里，如果你只想混混日子，拿个文凭，那么这个准备工作就会非常苍白；如果你从走进学校的第一天起就下决心练就本领，在自己的专业上学到真正的知识和技能，那么你就业后很快就能得心应手。

我曾经给某所大学的毕业生做就业报告。报告完毕，有一位学生流着眼泪拉着我的手说："陈总，你为什么不在我们大一时告诉我们这些，我们已经白白地浪费了几年时间了。"

这个学生的话触动了我，我也自感责任重大，于是为了帮助更多大学生，使他们不再迷茫、郁闷、虚耗时光，便决心写这本书，希望更多的大学生能从进学校的第一天起就做好冲锋陷阵的准备。作为学生，为了日后能够从事理想的职业，为了在人生道路上有所成就，必须在大学期间就做好充分准备：学好专业知识，掌握真正的技能，修炼与人相处的和谐之道，养成良好的生活习惯，学会宽容、自律、尊重、感恩等，既炼才又培德。如果这些条件你都准备好了，那么不管去哪个行业，做哪种工作，都会取得成功。如果你在学校的几年里什么都没有准备，那么你走向社会后想成功是很困难的。

如果你在学校学的专业不是你喜欢的，现在又转不了专业怎么办？我的建议是，你还是要努力学好专业知识，在学习过程中可以自己选修特别喜欢的课程。如果选修课也没有自己喜欢的怎么办？也不要紧，你可以买一些喜欢的专业书自学。这样，你的收获就会更大，因为当你拥有了更多的专长时，你的就业之路就会更宽，你就能在职业生涯的广阔天地中任意翱翔。而这一切的关键就是，从进入学校的第一天起你就要做好准备。

二、起步点：职业生涯的起步阶段

人们都说，“条条大路通罗马”“三十六行，行行出状元”。今天，随着社会的进步和商品经济的繁荣，职业种类何止千万。不管你在哪里起步，不管你在哪个行业谋职，只要充分准备，就能从容起步。

选择一个单位就业，除了自己要准备好之外，如果想要站得更高、走得更远，并且不半途而废，像雏鹰练硬翅膀，像骐骥走顺四腿，那么你还一定要分析就业单位所属行业在未来十年内的发展趋势，看清楚就业单位在行业中属于衰退期、旺盛期，还是发展期。如果行业的发展趋势较好，就业单位又处在发展期或旺盛期，那么你的起步点就会较好，反之就较差。

进入一个单位就业，薪水、待遇固然重要，更关键的是要看这三点：

1. 看自己的需求。初步就业的学生最需要学习和锻炼，所以要看这个单位的文化氛围是否能给你提供学习和锻炼的机会，这个单位的工作能否发挥你的个人专长，你在这里是否有用武之地，是否有发展前景。

2. 看领导的类型。经常有人说："某领导对你很赏识。"什么叫"赏识"？"赏"是欣赏，"识"是认识，"赏识"就是认识到别人的才能或价值而予以重视、肯定或赞扬，赏识的本质就是爱。赏识的反面是埋怨、批评和惩罚。人性中最本质的渴求就是得到别人的赏识，得到社会的重视。如果主管领导是赏识型的阳光体，那么你的进步就很快，就会进入发展的快车道；相反，如果主管领导是抱怨指责型的黑暗体，那么你就要有阳光思维，把指责变为动力，做得更好，否则只能换岗。

3. 看单位事业发展方向与前景。假设单位其他方面尚有欠缺，不尽如人意，但这个单位发展前景好，是朝阳产业，又跟自己的专业对口，不妨先安心下来，慢慢以个人能力帮助单位改善，这是你的机会，这样你就有更大的发展和提升空间。

三、加速点：职业生涯的适应阶段

选择一个单位之后，进入单位的适应期是一个人就业能否成功的关键。是适应环境、加速进步，还是逃避现实、快速后退？这个时期是一个双向考察期，企业领导在考察你，你也在考察企业。如果没有充分的心理准备，就会前功尽弃，对自己、对企业都是一种损失。

我曾经招聘过东北某外语学院的一个本科毕业生，她说她已经应聘了八个企业，最后认为我们企业不错，就选择了我们企业。我也觉得她各方面条件不错，过了八级英语，表达能力非常好，就录用了她。可她报到后，在公司宿舍住了一个晚上不打招呼就走了。我打电话问她："为什么走了呢？"她说："陈总，宿舍里面有蚊子，不能住，所以走了。"我说："不是可以挂蚊帐吗？"她说："我没有挂蚊帐的习惯。"对此，我只能摇头。

我也曾经招聘过厦门一所著名大学的一个硕士生。她说她跑了十多个企业，认为我们是花园式的单位，环境优美，待遇也不错，所以就选择在我们企业当人事部副主管。她当天上午十点多报到，下午四点就不见人了。我第二天打电话问："你怎么走了？要走不用这么急，也该打声招呼啊！"她说："对不起。"我问："为什么走呢？"她说："你们分配的宿舍没有我们大学研究生的宿舍大。"我说："不是给你一间单人房了吗？"她说："没有啊！"原来是单位人事文员没有拿到单人房的钥匙，就先带她去另一个文员的房中临时休息，她不高兴了，闷闷不乐地打了一个多小时的电话，然后就不辞而别了。她听说我是给她安排的是一间单人房，马上问我："明天回来可以吗？"我说："考虑考虑再说吧！"我当然不会再请她回来了，因为她这种行为方式的人，是做不好工作的。

中国有句古话："吃得苦中苦，方为人上人。"以上这两位自命不凡的毕业生，既想找到好的单位，又忍耐不了短暂的困难。如此怎么能成就自我呢？

在就业适应期，有些学生舍本求末，不考虑进政企事业单位是以找到工作为本，是以奉献才能为本，追求生活享受是末，主次颠倒，给自己的就业道路设置了很多意识阻碍。结果错过了好多就业机会，追悔莫及。

进入政企事业单位第一个月的工作表现非常重要，这是单位领导观察你的重要阶段。如果你在学校已经养成了良好的习惯，这时你的习惯就会产生正效应。如果你在学校的生活习惯、纪律习惯都不好，这时你的习惯就会产生反效应。刚进政企事业单位的学生，不管怎样都要努力把事情做好，争取给领导留个好印象。俗话讲“人过留影，雁过留声”啊！顺利度过考察期进入转正期，这段时间如果你的表现基本过得去，企业一般都会留用的。

学生在适应阶段适应不了，自己辞职的较多，主要表现在：

1. 害怕艰苦。在学校多年都是在读书，很少工作，一下子要这样天天工作，感觉很辛苦，受不了。

2. 期望过高。进入工作状态之后，生活、住宿、工作等各种条件达不到自己的期望。

3. 世俗偏见。在工作中不受同事欢迎，甚至遭到同事的疏远。这是相当多的学生适应期辞职的主要原因。这类学生没有弄明白一个历史根源：中国改革开放的时间并不长，在一些生产型、销售型企业里面，有不少管理人员、工作人员文化水平不高。随着信息时代的到来，社会都在向管理知识化、劳动知识化过渡，劳动密集型向知识密集型的产业转换已经是大势所趋。一个大学生，进入单位后，如果知识才能和综合素质都很高，对原先的管理人员和工作人员的晋升、职位都会有很大的威胁。出于自卫和嫉妒的偏见，如果你表现得好，他们会冷嘲热讽，巴不得你不适应赶快走。

很多学生不明白这一点，就赶快自己走人，这是非常幼稚的。“赠君一法决狐疑，不用钻龟与祝蓍。试玉要烧三日满，辨材须待七年期。”（白居易《放言》）面对这种现状，首先，你要知道这些现象是当今企业特例，是人群的地方都存在着的普遍现象。你要能容，方能笑，但不要嘲笑他们，要理解他们，学会尊重他们，与他们友好相处，表现出向他们学习的姿态。如果还不能友好相处，就学会自强，努力把工作做得高效、有条理、完美，坚持下去，你就有可能当他们的领导了。

广东农工商职业技术学院的学生到我们企业实习，被分配到仓库工作，其中有一个学生在仓库干了一周后很难过，懒洋洋地坐在仓库门口，我碰到之后与他做了一次对话：

我问：“怎么了？做得不开心吗？”

他说：“肯定不开心，怎么叫我们大学生干仓库工作呢？”

我说：“是不是不想干这项工作呢？”

回答：“是。”

我说：“那很好办，你跟我到我办公室去。”

到了办公室，我告诉他：“如果不想干这项工作，我教你一招，有两种办法就不用干了。”

他说：“好啊！什么办法？”

我说：“第一种办法就是像你现在这样懒洋洋、漫不经心地干，没过几天，就不用干了。”

他说：“好啊！那干什么呢？”

我说："干什么我不知道，因为企业不要你了。"

他问："那第二种办法是什么呢？"

我说："第二种办法就是更加努力地干，哪怕是假的，叫你干一百，你就咬着牙干一百五甚至二百，没有多久你就不用干了。"

他说："那干什么呢？"

我说："让你当主管了。仓管员每月的基本工资是两千元，仓库主管每月的基本工资是四千元，这两种选择你选哪一种呢？"

他想了一下，说："还是选择第二种办法。"

我说："既然选第二种，孺子可教。再教你一招要不要？"

他说："好啊！"

我说："上午八点钟上班，你七点半钟就到了。"

他问："那么早干啥？"

我说："先开门窗，做好工作前的准备，最好头一天晚上就写好第二天的工作计划。下午六点下班后，大家都走了，你千万不要走。"

他说："干什么？"

我说："你把你的工作场所整理得井井有条，把未完成的尽量完成，再检查门窗是否关好，电器是否切断电源。如果想当优秀的员工，做完这些就可以走了；如果想当主管的话还不能走，你还要把周围同事没有整理好的工作帮他们都整理好，下班再迟你都要去做，能不能做到？”

他说：“能，只要能当主管。”

经过这次谈话，再进入仓库工作后，他的整个状态就变了。

我只用了三分钟给他指点迷津，他就改变了心态，也改变了命运。

实习结束后，他被江苏一家企业招去了。这家企业招了六十五名学生，其中有十五名本科生、四十名大专生、十名中专生。负责带领这班学生的主管非常高兴地向他们的董事长汇报说：“这一次我们太幸运了，我带学生这么多年来第一次发现了一个真正的人才！”

领导们用惊奇又欣赏的眼光对这位去得最早、走得最晚的学生细心观察，内心赞赏不已，他自言自语地说：“是个人才，真是个人才啊！”

其实所有单位、个人连同自己在内都是注重第一印象的。所谓“新官上任三把火”，连一把火都不烧，别人怎么认识你？

2005 年春节后，这位学生打电话给我拜年，并说请我吃饭，我们又做了第二次对话——

我问他：“为什么请我吃饭？”

他说：“陈总，您那两招太灵了，我终于当上主管了，跟我同去工作的同事的工资是两千元，但我的工资是四千元了。”

我说：“你现在是真干还是假干呢？”

他说：“陈总，我发誓，我现在是真心实意地干，而且越干越开心。”

我说：“那就恭喜你，你还有晋升的空间。”

到了2007年教师节那一天，他给我发了一条短信说：“陈总，我这一辈子都感谢您，您是我人生和职业生涯中最好的启蒙导师。”

我回电话说：“不用谢，是你自己努力的结果，有付出才有回报。”

我又问他：“现在工作状况如何？”

他开心地告诉我，董事长已经找他谈过话，准备把他当作副总的人选来培养，而且他现在的工资是五千元。让他最为开心的是，有十五个本科生在他的手下干活，让他感到无比自信和自豪，因为他本人只是大专生啊！

我说：“继续努力，我永远支持你，加油，我为你骄傲。”

皇帝爱长子，百姓爱幺儿，企业爱实干家。工作没有好坏，全在人的心态。当你立下志愿，确立目标，全力以赴，并且开心快乐地去做的时候，再难的工作在你手里都会轻而易举。

第三节 初入职场的注意事项

一、毕业后要明白的几件事

（一）纠正认知偏差

毕业了，大家耳畔还回荡着毕业歌的余音，双脚已经踏进求职的芸芸众生之中了。有人踌躇满志，有人悲忧伤情。经过几次求职试探，大家才忽然发现，校内的世界真精彩，外面的世界很无奈。毕业后的世界并非那样美好，求职的道路也是荆棘丛生，于是陷入迷茫之中。那么，大家为什么会有这样的认知偏差呢？

首先，学校和社会对精英的衡量标准不同。学校的衡量标准以分数为第一，考试分数高的就是尖子、精英；社会的衡量标准是以能力为第一，没有实际能力，分数再高也没用。

其次，学校和社会对品德的衡量标准不同。学校需要的是谦恭礼让、能背诵名人哲言、言行中规中矩、有儒雅风度的学生。企业需要的是具有敬业爱岗、忠诚善良、勇敢实干、拼搏向上、善于沟通、团队协作等综合品质的人才。进入社会后，如果你仅靠谦恭礼让、背哲人语录、言行规矩是不行的。

不少优越感很强的尖子生（有些是学生干部）把在学校的优势拿到社会上使用，求职眼高手低，心高气傲，自以为是，幻想过多，在求职中非高薪好职不受。这导致其碰钉子也多，不如意也多。倒是那些考试成绩平平、常怀三分自卑但具有实际能力、最初要求不是太高、适应性很强的人更容易得到企业的重用。

要知道，就业率和就业力是两码事。就业率是指毕业生就业的比例，是针对学校而言的。就业力是指学生具备的就业能力，是针对学生而言的。学校追求学生的高就业率，而不能保证学生的高就业能力。一个人的就业能力如何，只有靠学生自己。

在就业过程中，不同学校的学生或者同一个学校的学生，其就业力和就业速度迥然不同。有的学生很快就找到了满意的工作，有的学生高不成、低不就，总是东奔西跑，最终空耗了年华。

“橘生淮南则为橘，生于淮北则为枳，叶徒相似，其实味不同……”（《晏子春秋》）晏子说的是生于不同地域的果树，结出的果实虽然样子很像，但是味道却不同。来自不同学校的毕业生就业力有差别还可以理解，但毕业于同一个学校的学生，差别太大就不是学校的问题了，把自己放在长枳的环境里，导致就业心态不同，就业状况就不一了。

“阳春白雪”和“下里巴人”都是乐曲，“阳春白雪”清高，能听懂的人不多；“下里巴人”通俗，大家都会听、会唱。“阳春白雪和者盖寡，盛名之下其实难副。”大学里的高分尖子生，在名声大噪时不要沾沾自喜，光背书答题不行，还要提高自己的实际才能，这样才能增强就业能力。企业用人不是看你过去的分数，而是看你现在的实际能力。在学校里是尖子，走出学校就不一定依然是尖子了。我们不要老是认为只有自己唱的才是“阳春白雪”，如果无人附和，结果只能孤芳自赏。

“下里巴人和者甚众。”在学校考试成绩平平、不能出类拔萃的学生，不要把学生时期的自卑感带到求职中去。只要有实际能力，初期要求不是太高，你可能很快就会被企业录用，然后在参加工作后再用实际业绩提升自己。从某种程度上讲，就是告诉大家不要总是自以为清高。这样是不接地气的。我们要做单位里普通的一员，与大家打成一片，从而让跟随、拥护、赏识的人越来越多。所谓“和者众”就是这个道理。

在毕业前要了解社会，多做些社会调查，在企业中做实习生，进行短期锻炼，掌握社会对人才需求的行情，毕业后就业就容易多了。

第三，对公平的理解不同。公平又称公正，包含物质和精神两个方面。物质公平指在社会财富再分配时使人们的福利最大化，精神公平是一种道德要求和品质，指坚持原则，按照法律、道德、政策等社会标准实事求是地待人处事。

在日常生活中，人们最为看重的是物质公平。不同的人对公平的理解不同。企业是以创造财富、在剩余价值里进行合理分配为公平。员工则把自己的创造和收入作对比去衡量公平，不关心成本。例如一个缝纫工一月生产了二百五十件衣服，销售金额为两万元，这个员工的月工资是四千元，除去工资外，销售金额还剩一万六千元，企业认为对这个员工是公平的，但是这个员工却认为企业对他不公平，他认为自己一月创收了两万元，自己才得到四千元太少。其实，他只看到了那一万六千元的余额，却没有计算布料、机器、水电、厂房、税收、服务、销售、运输、积压、损耗、再生产储备等系列成本。如果把这些成本都扣除，两百五十件衣服最多盈利一千二百五十元，他个人得到的比企业得到的还要多。他认为企业对他不公平是因为他缺乏成本思想，实际上一个企业要付出的成本比员工工资要高很多倍。

刚就业的学生还处于业务学习阶段，根本谈不上创造价值，企业给予的工资实际上是拿钱请你学习业务。如果刚入职就计较工资待遇公不公平，显然是不妥当的。如果在实践中证明你的能力很差，创造力很低，那么就是你对企业不公平，而不是企业对你不公平。

世界上没有绝对的公平，公平是相对而言的。处于绝对公平的世界反而是一个平庸的世界，平庸的世界必定要凋亡，不公平才是推动世界前进的动力，不公平才会激发斗志，孕育新生。

（二）降低物质欲望

“生欲、食欲、性欲、形欲、声欲、威欲”是人类的六种欲望，它是推动人类进化、产生物质文明和精神文明的原动力，也是滋生战争、掠夺及一切邪恶的原生点。不同的人对六欲有不同的认识。佛教把物质世界称为“色”，把虚无的意境称为“空”，认为“空即是色，色即是空”，五彩缤纷的物质世界其实都是虚幻的东西。中国佛教南宗祖师慧能有句偈语：“菩提本无树，明镜亦非台。本来无一物，何故惹尘埃。”意思是，世上的一切物质本来就是空泛的。所谓“景由心生”是物质被精神物化过程的表象。如果心中不存在对物质的追求，那么就会超凡脱俗，也无所谓抗拒外面的诱惑了。

人乃血肉之躯，不是不食人间烟火的菩萨，逃脱不了六欲七情，也不可能把物质世界都看成虚幻空无。能说实话的还是鲁迅先生，他在《华盖集·忽然想到》中说：“我们目下的当务之急是：一要生存，二要温饱，三要发展。苟有阻碍这前途者，无论是古是今，是人是鬼，是《三坟》《五典》，百宋千元，天球河图，金人玉佛，祖传丸散，秘制膏丹，全都踏倒他。”其文意也在于生存，说明温饱知礼仪。抛开这些空泛的道理，做求生的实务，更要清楚生存的障碍。如果一个人连肚子都吃不饱，哪有吟诗作赋的心情？“温饱知礼仪”，家庭贫穷，父母为自己读书累得腰弯背驼的学生，一离校就想挣钱回报父母，哪能不考虑工资问题？靠贷款读书的学生，一离校就要靠自己挣钱还贷，哪能不计较自己的报酬？鲁迅说：“灾区的饥民，大约总不去种兰花……贾府里的焦大也不会爱林妹妹。”大多数求职者都是为了得到起码的谋生平台，根本谈不上物质追求，存在着强烈的欲望是正常的，关键是用什么样的心态去求职。

但是话又说回来，物质欲望太高，用浮躁、报复、急于求成的心态去求职，抱着不切实际的想法是很难遂愿的。即使被聘用了，也会因为觉得企业对自己不公平而跳槽，反而事与愿违，花费了时间还挣不到钱。

企业最喜欢德才兼备、聪敏踏实的人才。求职者刚走上社会，物质欲望不要太高，用奉献的心态去求职，用感恩的心态去上班，兢兢业业地工作，过朴素节俭的生活，踏踏实实地做出业绩，明智的企业主是一定不会亏待你的。

（三）找准目标并坚持下去

“打井理论”说的是打井有两种类型：

类型一：一直在打一口井，哪怕中间有再大的困难和阻力，只要坚持打下去，总会打出水来的。

类型二：打了无数的浅井，就是没有一个打出水的，结果一滴水也得不到。

打深井需要两个前提：一是提前勘查清楚底下究竟有没有水源；二是要有打深井的工具。

同理，就业者要能在一个企业坚持工作下去，其中也要有两个条件：一是要了解清楚应聘企业的情况，目前的经济实力大小并不重要，重要的是所从事的行业是否有发展前途，好比地下究竟有没有水；二是要了解企业能否给你提供发挥才能的条件。企业实力再大，不给你提供必要的条件，你也无法发挥才能；即使企业很小，只要能够给你提供发挥才能的条件，好比给你提供了打深井的工具，你就很有可能成功。

二、应聘中要注意的问题

（一）写简历的要领

很多人在简历中只填写自己就读的学校、学了哪些课程、在学校担任过什么职务、参加过什么社会活动、曾在什么企业锻炼过，等等。有时候，简历中会评估个人的性情、意志、道德及潜力。但是，如果没有写明自己的职业生涯规划，这份简历就是不全面的。因为用人单位更看重应聘者的职业生涯规划是否与公司的发展一致。如实、简练、不夸张地写出自己的职业生涯规划，更容易受到企业的重视而赢得就业机会。跳槽者更应当把自己的职业生涯规划、经历了哪些企业、要跳槽的原因等写明白，这样容易提高自己的可信度，减少企业因怀疑你的不稳定而不予录用的可能性。

（二）高明的应聘要求

应聘者在提个人要求时，除了工资报酬外，还应提出以下几点：

1. 帮助你弥补业务上的缺陷；

2. 当你工作出错时教会你下次不再犯同样的错；

3. 指导你处理好人际关系，以便能专心做事；

4. 能让你感受到工作有挑战性，能激发你的工作热情；

5. 能让你学到可以创造价值的本领；

6. 能让你学会与人打交道的方式；

7. 给你一个具有挑战性的工作氛围，并让你得到应有的尊重和心灵自由。

我敢说，明智的企业一看你的要求就知道你是一个敬业的人，不请你请谁?

（三）**不要轻视小公司**

任何大公司都是从小公司做起来的，万丈高楼平地起。大公司之所以大，除了经济实力强外，本身人才也较多，有时候招聘只是为了人才储备。作为一个新手，在大公司里你可能只算一条虫，而在小公司里却可能是一条龙。处于发展中的小公司对人才的需求量大，有些甚至求贤若渴。如果我们在求职、就业时不端架子，就容易与公司的高层接触，也容易全面了解公司的结构和前景。到前景不错的小公司求职，成功率高，个人发挥的余地也很大。个人有无发展前途，不在于公司的大小，而要看公司老板的胸怀、目光与理念，更要看公司从事的行业、市场前景、体制等能否给你提供一个发挥的平台。

广州有一个建立了十五年的研究所，研究的方向也不错，但招聘一批人进去，过不了一月就走了。专业人士不断加入，又不断离开。原因在哪里呢？就是在于它的体制不对：进去一个人就给一个官位，管谁呢？不知道！做什么业务？不清楚！所以这个研究所始终处于不景气状态。

大学毕业的计算机专业高才生小孙，怀着帮助人的心态，应聘到一个从事医学软件开发的五人小公司工作。起初他的工资只够饭钱，但他发现，这个小公司的负责人是一个医学全才，公司开发的又是一种针对基层医生用的全科软件，前景非常好，所以他留了下来。在小孙和其他几个员工的努力下，公司产品迅速推向了市场，并在国内外享有了盛名。后来小孙发现，公司的每个项目都要一个较长的时间周期，而他只需兼职就够了，因此他不失时机地向公司提出自己去创办与公司不同业务的企业的想法，并答应公司原本的业务他也照样完成。他的想法得到了公司老总的支持。于是，他创办了一个数据公司，并很快就扩大了业务，几年后其产值就过亿元。

小孙进公司初期，原本是小片海洋里的龙，而他出去后自己创办企业就成了兴云布雨的巨龙。这除了他应聘的这家公司的发展方向正确外，更重要的是，他有一种善良、感恩的心态，以及诚信敬业的人品。

（四）做德才兼备的人

可以肯定地说，任何企业招聘的都是人才。人才有千万种，归纳起来可以分为天才、贤才、鬼才、奇才、怪才和庸才。

天才生性聪慧，遇到问题按照常理来解决，能够比所有人解决得都好。这种人很有修养并且做事严谨，是科技型企业最需要的人才。

贤才是有德行又有才能的人。这种人温文尔雅，才华横溢，是任何企业都需要的人才。

鬼才就是人们常说的有小聪明的人。这种人不太重德，喜欢炫耀自己，但解决问题的方法多，碰到困难时能够找到不合常理的解决途径。这种人是销售型企业所需要的人才。

奇才是指有绝技、绝招的人。这种人不拘小节，在某些方面特别聪睿，具有超越常人的智慧，善于在自己的特色范围内不断创新。这种人是制造业、销售型企业所需要的人才。

怪才是性格古怪而又有才华的人。这种人不拘小节，我行我素，做事看似不符合正常逻辑，却能发现真理，具有很强的创造力。这种人是制造业、科技型企业最需要的人才。

庸才是有一些知识但又不全面，反应迟钝，行动木讷，接受力差，做事无序，只能跟在别人后面做一些小事，没有独立工作能力，只适合搞一些勤杂工作的人，这种人很难被企业接收。

“毛遂自荐”的故事大家都知道，平原君招贤纳士，门下三千客，毛遂就是其中的一个贤才，他为赵国联楚抗秦立了大功，成为千古自荐名人之一。任何企业都十分渴求人才，企业要发展就要不断聘请人才。在以上六种人才中，你属于哪一种？答案只有你自己知道。在应聘时可以根据自己的能力特点选择行业和职位，在你投递的求职简历或求职信中最好毛遂自荐，说明自己属于哪种人才。

无论在何种行业，企业需要的都是德才兼备的人才。德是品行，为人忠诚，不虚滑奸诈。才是知识与能力的结合，是智慧的恰当运用。有德有才的人，任何企业都欢迎；有德无才的人，需要不断磨炼自己的才；有才无德的人，对社会的危害很大；无德无才的人，就是社会的包袱。

（五）注意招聘中的“猫腻”

我们发现，有些企业总是在和他人打官司。也许你会觉得这个企业问题太多了。其实，很多时候，这是一种变相广告，是企业故意设计的宣传手段。例如某化妆品公司的一个新产品滞销了，这时候，突然有几个消费者就其质量问题提起了诉讼。在法庭上，通过专家鉴定，这个新产品的各项指标合格，法庭判决投诉者败诉。然后开始反诉消费者损害名誉。就这样，通过媒体对庭审与反诉过程的报道，这个新产品的名声就被宣传出去了。殊不知，那些投诉者是拿了企业给的钱，配合企业玩了一场游戏。

有些企业总是在招聘网站上不断打出高薪招聘人才的广告，其实“醉翁之意不在酒”，这种企业的根本目的不是招聘人才，而是在变相宣传自己，让人在不断浏览它的招聘广告的过程中，无意识地变成它的宣传员或消费者。这就是很多求职者投出简历后“泥牛入海”无消息的原因。当然，社会上此等招数比比皆是，能否辨其真伪，就得看求职者的眼光和判断力了。

三、就职后需要注意的问题

（一）从底层做起

老子曰：“合抱之木，生于毫末；九层之台，起于累土；千里之行，始于足下。”孟子曰：“天将降大任于斯人也，必先苦其心志，劳其筋骨。”这些名言警句几乎所有的大学生都会背，但就业时都想一步到高层，至少到中层，一旦被分配到基层，就觉得有损身份。其实，“高处不胜寒”，只有书本知识没有实际经验，一步进入高层的人，百分之百都会垮下来。书本上学到的知识，如果没有在生活中实践过，再有名的名言警句都是纸上谈兵。大学生拥有丰富的书本知识，刚就业时没有丰富的实践经验，最好先到基层去熟悉业务，苦其心志，劳其筋骨，获得经验后再一步步提升，这样就比较容易成为一个成熟的指挥员。俗话说，好的将军需从好的士兵做起。

（二）刚就业的关键十天

企业用人一般要经过较长时间的考察，而个人对企业的考察一般不应超过十天。在应聘前，应聘者对企业很难有一个清楚的了解，而考察期是一个最好的机会。这个时期的考察，既是企业对个人的考察，也是个人对企业的考察。

考察企业主要看中层结构，一般企业主都是理智的，中层就不同了，有些狐假虎威，形同旧时代的工头，让你失去尊严；有些玩忽职守，对人麻木冷漠，让你孤立无助。对于这些，如果企业主不知道，你可以越级反映，不要怕得罪了中层，也不要怕中层给你穿小鞋。只要你的意图对企业有利，一般企业主是很欢迎的。如果你具有管理中层的能力，明智的企业主甚至会让你取而代之。如果中层的歪风是企业主管造成的，你就要迅速离开。因此应聘前最好先不要在考察期签定合同，哪怕是白干，也要好好利用这个十天左右的关键期。

（三）以稳定心态面对考察期

考察期是求职者进入企业的第一步，这个时候雇用双方都心存怀疑。

从企业角度来说，由于跳槽风的盛行，不少雇主已经吃过很多亏。无论毕业生从哪所名牌大学毕业，如果没有深厚的基础知识，没有实践经验，就不能在企业中有用武之地。玉不琢不成器，大学毕业生就像一块璞玉，没有经过打磨加工，就不能成为珍宝。企业招聘新员工之后，耗费大量财力、物力对新员工进行培训，但是培训之后，一些人就跳槽了。企业不得不再进行招聘，再培训。这不仅浪费时间，也会错失市场机遇。因而，企业对新员工的稳定性抱有怀疑态度，不再愿意花大力气进行培训。

从学生方面来说，也有不少人就业上过当，吃过亏。比如在应聘时企业给了许多承诺，可是一进去工作了，才发现一切都是假的，报酬也比承诺时的少，甚至被当作低价劳工，一过考察期就被企业找各种借口辞退。这些应聘被骗的经历给很多求职者留下了心理阴影，导致这些毕业生进入企业后，既担心没有发展前途，又担心受到企业的不公正待遇。因此一直处在迷茫中，虽然在上班，但是心中还在纠结犹豫，工作也不能全力以赴，只能敷衍了事。

双方的怀疑虽然在情理之中，但这是一种痛苦的内耗。解决双方的怀疑需要双方端正心态，开诚布公。

企业要明白，大学毕业生刚就业的时候，非常重视归属感与自尊心。企业要尊重他们，营造良好的工作环境。一旦对他们做出承诺，就要言必信，行必果。刚工作的毕业生都很敏感，不要把他们的事情交给不负责任的人去办，以免造成不必要的误会。在工作中，需要立即解决与这些毕业生有关的问题，这样才能在他们心中建立起归属感与自信心。如果企业对他们的稳定性不放心，最好开诚布公，在他们刚入职时，就坦率地与他们谈，让他们明白，考察期是双方的考察期，他们可以对本企业和其他企业进行比较，觉得本企业好，适合他们的工作与发展，就欢迎他们留下来；

如果他们觉得有更适合他们的地方，企业也会欢送他们。但是，对企业的考察时间不要太久，因为时间是企业的生命，企业靠大家的拼搏才能生存发展。

刚就业的大学毕业生要从三个方面努力。

首先，踏踏实实地工作，谨慎地做人，争取给企业留下好印象，无论去留都不要给企业留下不好的印象。所谓“人过留名，雁过留声”。

其次，观察企业的管理体制和发展前景，以及企业对自己的重视程度。企业不是校园，遇到能开诚布公的老板固然好，如果老板阴险狡诈，最好还是尽早远离，良禽择木而栖。

再次，在积极工作的同时，要留意其他企业的招聘信息。不要仅对比眼前的报酬，也要对比企业文化、发展前景、组织结构、管理体制等。

因此，大学毕业生在就业考察期要稳定心态，全面分析社会的发展趋势，细致分析就业单位的性质和前景，实事求是地分析自己的基础知识和实际能力。在企业一天，就要拼搏一天，这也是自己学飞练翅的极好时期。最后无论要走要留，都要真诚地告诉老板，让双方都明白对方的想法，以免消耗双方的精力。

（四）考察期的处事要领

企业招聘新员工都有一个考察期，这是求职者最关键的时期，是走进职业生涯最关键的第一步。好比婴儿娩出母体的第一声啼哭，哭声大小往往显现婴儿的性格及体质。很多人求职就输在考察期，有些人经不起考察，很快跳槽，跳到另一个企业，又遇到考察期，受不了又跳，跳来跳去，始终跳不出五指山，结果被压得筋疲力尽。

我认为就业考察期的心态应该先"入静"后"复苏"。"入静"是把与自己相关的一切都忘掉，达到一种忘我的境界，韬光养晦，把之前所有的荣耀忘掉，任劳任怨，拼命工作，不计得失。"复苏"就要改变沉默寡言的姿态，针对企业的优势与前景、长处与不足，把你的建议和抱负告诉老板，并且主动承担薄弱环节。

企业对新员工考察期一般是一到三个月。这三个月就是在"试玉"，也在"辨材"，也是"烧烤"你的三把火。你在思想上不要把考察期当作进天堂，也不要当作下炼狱。"美人首饰侯王印，尽是沙中浪底来。"如果你经过了这三把火的烧炼而转正，继而又能持之以恒地努力工作，你的职业生涯必定是美好的。

第一月"烧你"的第一把火，几乎都是在考察你的人品和基础知识；

第二月"烧你"的第二把火，是在考察你的工作态度；

第三月"烧你"的第三把火，是在考察你的综合能力。

只是人品好，没有知识、没有能力者，只适合当门卫；如果人品不好，基础知识与学历又不相称，可能等不到一个月就要"请你走人"！有人品、有知识，但无能力者，最好在考察期勤奋一些，机灵一些，尽快提高自己的能力！如果眼高手低，自以为是，工作态度不端正，阳奉阴违，处处搬出"剩余价值"理论斤斤计较，可能等不到三个月就要请你"另谋高就"。如果人品、基础知识、工作态度都过关了，就要考察你的综合能力了。这时领导会给你不同性质的多种工作，甚至给你一定的领导职位，让你指挥一部分员工，用以考察你真正的本领与能力。这也是提拔你的信号！

人品是从小在家庭、学校、社会的综合影响下形成的一种相对固定的心灵道德境界。它和习惯有本质的区别，习惯可以逐步改掉，人品却是难以修正的。所以，企业对人品的优劣都比较重视。因为，基础知识的不足是刚毕业大学生的普遍现象，只要肯学习，是可以在工作中弥补的，而人品却不一样。

工作态度非常重要，阳奉阴违是所有企业最痛恨的工作状态。企业与校园不同，在读书期间即使作假，最多是个人的学习成绩不好，但是在工作中作假，可能会直接影响产品质量或导致项目出错，甚至导致企业名誉和效益受损，尤其在知识密集型企业中造成的损失更大。

斤斤计较与要求高薪不是一回事，要求高薪是一次性的总要求，不是一事一议，一般来说，要求高薪的人在工作中还是负责任的。斤斤计较是在工作中每做一件事都要看一看划算不划算，划算就做，不划算就不做，这是企业领导和周围员工都讨厌的行为。

综合能力是提拔晋升的必备条件，有人品、有知识、有能力者，必定是企业精英。一个人进入综合能力考察阶段，就表示其良好的职业生涯开始了。

四、关于职业规划的几点建议

社会环境虽然不像计算机程序那样固定，但任何事物都有它的内在规律，关于做职业规划，我有以下几点建议供大家参考：

1. 固守特长。一个人的特长是建立在爱好、性格基础上的，只有发挥特长才会产生激情，除了实在不能如愿，为了生存而暂时栖身外，求职都应该寻求能发挥自己特长的部门作为起点。

2. 确定目标。在万千职业丛中选定一个主攻目标，下决心攻下这个目标。没有确定的主攻目标，像卖苦力一样，不管什么活都干，盲目瞎撞只能是空耗年华。

3. 寻找规律。在求职前要反复摸清主攻行业的内外规律，要学习庖丁解牛，刀刃游移于筋骨之间，刀法运用自如，刀刃游之有余。不要满足于一般现象，不要仅了解光明面，也要深入细致地分析阴暗面。尤其要分析该行业可能发生的各种突变，不要说“不可能”，要多设想一些“万一”，周密地思考各种应对策略。这样，员工在企业中就能少走弯路，从而帮助企业更好地发展，入职后也会迅速晋升。

4. 坚韧不拔。选准了主攻方向并向预定目标前进时，要有毅力，“士不可以不弘毅”，不要怕失败，每走一步都要有记录，记下成功的经验，分析挫折的主客观原因，轻装上阵，踏实前行。

5. 名师指点。孔夫子说：“三人行，必有我师焉；择其善者而从之，其不善者而改之。”名师不只是指名人，比你多知道一些的人都是老师。当你遇到不明白的情况时候，要不耻下问，有时候别人不经意的一句话，可能使你茅塞顿开，把你从困惑中解脱出来。

6 敢于挑战。“勇士拔刀面对强者，懦夫拔刀面对弱者。”在受到困难八面围攻时，要一鼓作气，敢于迎击上去。敢于面对困难，勇于挑战困难，知难而上，迎难而上，就能达到无限风光的顶峰。

第四节　择业期与试用期问题解答

好多毕业生找工作只看薪金待遇的好坏，而没有看到企业给自己提供的学习和锻炼的机会，提供的各种关系及人脉资源。其实，对很多毕业生来说，人生中的第一份工作就是带薪学习，是非常难得的学习机会。

一个大学毕业的高才生应聘到一家企业去工作。他每天的工作量非常大，十分辛苦，而且他的主管对他还很不友善，每次见他都没有好脸色。但是他依然任劳任怨，干得十分出色。

有一位老教授问他："他们对你那样不好，你有意见吗？"他说："没意见。我现在要的不是待遇和友情，我要的是工作经验和人脉关系。现在我所做的一切，是为以后我自己创业单干打基础的。"

三年后，这个高才生出国了，回国后开始自己办企业，果然得到八方支援，企业办得顺风顺水。

通过这个例子，我们可以从中总结出几个就业方面的实际问题，这也是大学毕业生们在选择工作时经常碰到的问题，在这里，我给大家一一解答，供大家参考。

一、如果是自己不喜欢的职业怎么办?

如果你将来想在与这个行业相关的领域里创业，就要努力去做；如果你不想在这类行业中创业，你就不要去做。因为自己不喜欢且没有目标吸引，硬着头皮去做也是无法做好的。

二、薪金较低怎么办?

如果企业给你的薪金较低，就要看这项工作是不是你最喜欢的，你在这项工作中能学到什么，有没有对你将来升职或自己创业有帮助的人脉资源，如果这三个答案都是肯定的，哪怕工资稍低你也要努力去做，因为工资不是就业的唯一目标；如果答案是否定的，你就要考虑另谋高就。

三、工作地点不满意怎么办?

一般学生找工作都想找离家近一些的，离学校近一些的，有一首顺口溜形容现在大学生找工作的期望：

> 工作轻松离家近，位高权重责任轻；
> 睡觉睡到自然醒，数钱数到手抽筋。

这纯粹是近乎妄想的期望，现实中是不存在的。工作地点在哪里并不是很重要。自古以来就有“大丈夫志在四方”的豪言壮语，今天的你为什么一定要工作离家近呢？无论工作地点在哪里，只要能够给你一个展示才华的舞台，并劳有所获，学有所得，地点再远都要好好干。

四、工作虽然与自己的专业相符，但不喜欢怎么办?

既然工作与自己的专业相符但内心又不喜欢，肯定是大学时所学的就不是自己喜欢的专业。碰到这种情况应该先工作一段时间试一试，说不定体验之后你就开始喜欢了。不仅要既来之，则安之，还要既来之，则乐之。如果工作不喜欢，可能是你缺乏对工作的了解。兴趣也是建立在理解的基础上的。面对开始不喜欢的工作，也要全面了解，尽量发现工作中的乐趣。如果试一段时间确实不喜欢，就应该尽早另选自己喜欢的工作，才能在喜欢的工作岗位上有所成就。如果不喜欢又勉强拖着，对自己和企业都是不利的。

五、企业待遇很好，但其经营不正当怎么办?

发现企业经营不正当、不诚信，甚至违法乱纪、传销欺诈，哪怕待遇再好，也应该坚决离开，以免为了挣钱而误入歧途，毁了自己的前程。

六、企业管理者作风不好，经常用挑毛病打压的管理方式对待自己怎么办?

碰到这种情况，你的工作热情就会大打折扣，心情就会压抑，工作效率也会受影响。如果你向企业高层反映也得不到改善，就应该“良禽择木而栖”，另选职业。如果暂时选不到其他合适的职业，你就要学会忍受与宽容，“勉从虎穴暂栖身”，一边从容地另找工作。

七、与领导或同事合不来怎么办?

出现这种状况首先要在自己身上找原因，刚到一个单位要学会十个字：脸笑、嘴甜、腰软、腿快、听话。

1. 不管领导或同事给你什么脸色，你都要面带微笑。

2. 嘴巴要甜，要主动跟领导同事打招呼、问好。“人生八宝”中的“一宝”就是说话让人高兴，办事让人感动。

3. 要有礼貌，学会点头、学会鞠躬、学会礼让。

学会“点头哈腰”是你积累人脉资源的必修课，是有助于成功的一种谦恭礼貌。

4. 要很勤快，分内、分外的事都毫不推辞地快速做好，做完整。

5. 要听话，学会服从，领导叫你做什么，一定回答：“好！马上去！”千万不要问：“为什么不叫别人呀！我还有事呢！我不行！我还有约会呢，我不加班啊！”等等。

如果认真做到以上几点，到任何单位，领导和同事都会永远和你合得来，你的就业之途一定会是一片坦荡。

第二章　就业法宝

第一节　为何而工作

我们为什么要就业？在我看来，多数就业失败者是为了生活而工作，多数就业成功者是为了事业而工作。所以，大学毕业后，你要先问自己这个问题：我为何而工作？因为这是关系到你就业是否成功、工作是否快乐的重大问题。

人们参加工作的目的不同，工作状态、工作效率与工作纪律性就不同，当然工作快乐与痛苦的程度也不相同。这是何故？**因为一个人的工作目的决定了其是主动工作还是被动工作，是快乐工作还是痛苦工作，是高效工作还是低效工作。我把这种工作状态分为四个层面：**

第一层面：一般人参加工作是为了生活，为了领薪水养家糊口。这没有错，但这种人的思维层次是低层次的，所以其工作是辛苦的、被动的。一般来说，社会上这种人比较多，他们的牢骚抱怨也比较多，他们的工作也比较辛劳、痛苦。

第二层面：这些人参加工作只是为了找到工作，为了工作而工作，为了不挨骂随大溜而工作。因为如果不工作，他们面子上过不去，工作做不好要挨批评，工作做错了要被扣钱，所以他们的工作也是稍被动的、较辛苦的，但比第一层面的人稍好，他们的思维层次稍高一点，工作稍微认真一些。但一般这类人只能应付指令性的工作，工作属于应付型工作。

第三个层面：这类人工作是为了理想，他们的理想可能是为了升职，为了掌握工作本领，为了将来自己创业，等等。这类人的思维层次较高，工作积极主动，认真负责，勤奋刻苦，听指挥，守纪律，效率高，效果好，他们是企业争相选用、优先任用的栋梁之材。这类人的工作属于主动型工作，是企业的优秀人才。

第四个层面：这类人是为了实现自我价值而工作。这类人在工作中可以施展自己的才华，以奉献为乐，以工作为乐，以创造为乐，以助人为乐，以帮助企业成长、成功为乐。这类人的思维层次是最高的，心里有企业、社会、国家，因而他们的工作状态是无我的，工作动力是最足的，工作干劲是最大的，工作效率是最高的，工作效果也是最好的。这类人的工作状态是愉悦的。这类人也是企业的稀缺资源，是企业梦寐以求的精英人才。

我们用工作层次表来直观地分析上述四个工作层面（见表 2），大家可以对号入座。

表2　工作层次表

层次＼状态	工作目的	工作感受	工作动力	工作纪律	工作效率	工作状态	工作效果
第四层次　最高层次	为了实现自我价值	愉悦	很足	很好	很高	无我	最佳
第三层次　高层次	为了理想	较为快乐	足	好	高	超我	佳
第二层次　中层次	为了工作	较为苦闷	一般	一般	中	自我	一般
第一层次　低层次	为了生活	痛苦	差	差	低	本我	差

在我们工厂里，有做同一道工序的三个工人，第一个人整日愁眉不展，工效较低，而且工作质量较差；第二个人每天表情黯淡，工作较为认真，工效较高，工作质量尚好；第三个人每天非常快乐，工作特别起劲，效率高出前者近一倍，而且工作质量非常好。

我很纳闷：为什么同一道工序、同一工价的三个人的表现这么悬殊？其工作效率、质量相差这么远？于是我把三个人都叫到办公室，问第一个工人为什么这么不开心，工作质量也不稳定。他回答说："我能开心得起来吗？整天要干活。"我说："那可以不干活啊。"他说："没有办法，不干活就没得吃。"原来这个工人是为了生活而在被动地工作。

我又问第二个工人："表情怎么这么黯淡呢？怎么不快乐一点呢？"他说："我也想快乐一些，但是没有办法，质量做不好就要扣钱，还要挨批评。"原来这个工人是在为工作而工作。

我又问第三个工人："你怎么这么快乐，不但效率高，而且质量也好，既听指挥又守纪律，你有什么经验可以和他们两位分享？"他说："陈总，感谢你给我提供了这么好的吃住条件和薪水待遇，让我学习并懂得了很多，我不但学会了质量控制又学会了快速车缝。"我问："你为什么就学得这么快呢？"他说："陈总，不瞒你说，我是想学习之后，将来自己去开一间加工厂。"我说："好样的，如果你办工厂，我支持你，还可以把货发给你加工。"原来这个做得又快又好又开心的工人，是为了将来自己开一间加工厂的理想而工作。做不好士兵的人一定当不了将军。这位工人心怀壮志，想从工作中得到磨炼，努力成长，将来要当厂长，所以他有目标，每天都快乐。

这个为理想而工作的人在我们的工厂里工作了整整十一年，积累了技术经验和管理经验，也拥有了财富。现在他们夫妇俩真的开了一间加工厂。我也实现承诺支持他们，发一些货给他们加工，他们的加工厂也干得很红火。

从这个案例中我们能否感悟到什么？三个人在同一岗位，工作的结果却迥然不同。这全在于自我因素，与客观条件没有关系。所以，在就业的时候我们一定先问自己：到底是痛苦地为生活而工作、被动地为工作而工作，还是选择快乐地为理想而工作？相信聪明的你一定会做出明智的选择。

明白为何而工作之后，我们要用积极的心态面对自己的工作，并争取得到提升与发展，并且从思想上转变观念，提高认识。

第二节 就业时需要注意的要点

一、学会合作

很多就业者总认为老板在剥削自己，于是或明或暗地与老板较劲，要么自己消极怠工，要么串通怠工，要么挖公司墙脚。而我认为，只有把打工观念转变成合作观念，才会使人减少痛苦，豁然开朗。

观念一变，问题不见；观念一变，方法无限；观念彻底改变，奇迹就会出现。

在新兴的中国企业中，大多数老板都是通过艰苦奋斗富起来的，他们平常比普通员工还要艰苦十倍、百倍。他们给就业者搭起了生存与发展的舞台。就业者一进入企业，就与企业的命运连在了一起。每个人都应该维护这个舞台，只有通过创造奉献才能维护企业的生存与发展，如果大家只能挣够自己的工资，甚至连工资都挣不够，那么，这个舞台必定会垮塌。

企业主和员工，其实是一种相互合作的关系。认识到这一点，我们就能够理解老板，甚至同情老板。在工作中，我们要经常以老板的角度来看问题，来工作。换位思考可以使我们清醒，认识到我们在企业中应该以付出为主。在现实中，除了少数精英，绝大部分人能有一份既能养活自己及家人，又能体现自己的价值的工作已经不错了。况且国家根据各地发展情况，规定当地最低工资，又要求企业为劳动者购买社会保险，这其实已经为劳动者提供了利益保障。事实上，**当你并未索取而在努力付出的同时，比你期望值更大的回报就已经在向你靠近了！**因为企业钟爱有智慧、肯付出的人，企业看到你的努力付出，自然也会给你丰厚的回报，这是亘古不变的真理。

二、撞钟思想害人害己

撞钟思想表现为“做一天和尚撞一天钟”，得过且过。表面上看，存在这种撞钟思想的员工每天按时上班，似乎也在忙于“工作”，但结果却是只出工不出力，工作没有实际效果。这种“撞钟”思想带来的恶果是思维无创新、工作无突破，空忙一场毫无结果。现在一些怀着撞钟思想的人无视社会竞争的激烈，不珍惜得到的工作机会。对自己所分配的工作不负责任、敷衍了事，当一天和尚撞一天钟，还不愿意把钟撞响，常说“为啥要多干，对得起工资就行”！有些人甚至连自己分内的事都做不好，就更别提会主动承担额外责任了。自己既然无所事事，也就一事无成。

“南郭吹竽”是《韩非子·内储说上》中的故事，说齐宣王喜爱听吹竽，每次都要三百人一起吹，有个根本不会吹竽的南郭先生跑来要求加入吹竽的行列，齐宣王很高兴地收下他，并给他很多赏赐。南郭先生就在吹竽队里瞎混，后来齐宣王死了，他的儿子齐缗王继承王位，也喜欢听吹竽，但却要每个人单独吹给他听，南郭先生只好逃跑了。

怀着撞钟思想的人就像南郭先生，只宜在群体完成的工种里混着，万万不能给予独立性很强的岗位。一旦给了他独立完成的任务，他必定会弄虚作假，南郭先生作假最多是他一个人出丑，而员工弄虚作假却会给企业的整体计划造成很大损失。

“当一天和尚撞一天钟，和尚走了庙里空。”但在竞争激烈、人才济济的时代，这类“和尚”走了庙里也不会空，倒是给其他求职者腾出了位置，自己反而可能成为到处挂单的“走方和尚”。

我听从事望诊医学的杜教授说，有一个姓冯的中年医生，其实在业务上确实有能力，他却在北京一年换了四家医院工作，而且都是进去时受到热烈欢迎，离开时都“纸船明烛照天烧”，当瘟神送他走。

后来他应聘到一家科研公司搞文献校对，这家公司给他的工资比其他普通员工高一倍。但几天后领导发现，他上班总是迟到，下班总是提前关机，他还对周围的员工说：“为啥要多干？多干又不会多给钱！”两个月后主编收集他的资料，发现他根本就没有修正错误，完全是在蒙骗，大量的文献得重新校对，严重影响了整个工作的进程。于是他又被这家公司赶走了。后来，公司派人到他曾经工作过的单位去了解情况，结果那些单位都说：“他把我们害惨了。”几年来，这位医生总是在四处求职，没能在一个单位干半年以上，都是以被赶走的方式离开。

冯医生的工作性质也对口，工资报酬也不少，为什么总是蒙骗呢？这是一种病态思想在作怪，他不但工作态度不好，敬业精神不够，而且还缺乏做人的基本道德和基本的职业操守。

三、空耗损人不利己

岳飞在《满江红》里留下了“莫等闲，白了少年头，空悲切”的千古名句。大学毕业生应在年富力强的时候靠真本领，凭好心态，踏踏实实地做出业绩，创造财富，留下英名。功名利禄要靠创造才能得到，有些青年人抱着投机心态就业，最初尚能兢兢业业地工作，博得领导信任，晋职加薪，但慢慢地，有些人逐步露出了庐山真面目，在被信任的掩盖下不干实事，干耗时间。俗话说：“癞蛤蟆打洞混日行。”癞蛤蟆是穴居动物，看起来它每天都在打洞，实际上它每天都在做样子，只抓一丁点泥土就不抓了，因而它总是没有属于自己的洞，只能在石板下、阴沟里栖息。在岗位上不干实事、干耗时间的人，不但给公司造成了损失，也白白地糟蹋了自己的青春。

25岁的胡某从一所民办大学毕业后，应聘到一个科研部门做资料员。在领导和同事眼里，他多才多艺，思路敏捷，计算机操作熟练，编辑基础素材又快又好，是个不可多得的人才。于是不久他就被公司提升为科研部主管，加了薪水。公司老总也是搞科研的，对他非常器重，三日小宴、五日大宴地嘉奖他。

半年后，公司开发新产品，交给他所管的部门一项新任务，他每天都早到晚退，勤勤恳恳地工作着。一年后，公司对产品进行板块整合，这才发现他什么实际工作都没有做，前面做的都是为了掩人耳目。于是公司不得不采取紧急措施，临时请一批人突击抢救，才勉强完成了产品合拢。

结果胡某被辞退了，他错过了自己职业发展的大好机会，后来到处找出路，白白地糟蹋了自己的青春。

四、“明修栈道，暗度陈仓”留下难解的悔恨

秦末，刘邦和项羽打进咸阳，推翻了秦朝，项羽势力大，把刘邦贬到汉中，封其为汉王。当时咸阳到汉中的道路非常难走，只有在悬崖峭壁上用木桩和木板架一些栈道作为通引的路。刘邦为了迷惑项羽，进入汉中后将从咸阳进入汉中的所有栈道全部烧毁。他在汉中养兵蓄锐，待实力强大时，依韩信的计策，一面派少数兵力大张旗鼓地去修复栈道，装作要从栈道出击的姿态。镇守关中西部的章邯听到这个消息，冷笑刘邦愚昧，认为那样长的栈道是根本修不通的，从而放松了对刘邦的防备。刘邦和韩信却暗中统领大军绕道西进，在章邯毫不知情的状态下一举攻破陈仓，夺取了三秦，继而消灭了项羽，建立了汉朝。这就是“明修栈道，暗度陈仓”的由来，今天被人们普遍用来比喻瞒着人偷偷摸摸地活动，并达到了目的的行为。

在推销或生产有形产品类的行业中就业，无论是管理人员还是普通职工，一般都执行基本工资加提成的工资模式，业绩如何可以用销量和产品量计算。在知识密集型企业里，每个员工都要承担某一个板块（一部文献、一个软件模块）的工作，一般都用计算机工作，独立完成后再整合。这些板块几乎都是产品或成果的重要组成部分，有些甚至关系到企业的盛衰存亡。因此，只有员工以诚实的态度、敬业的精神、感恩和报答的心态去认真完成所承担的任务，才能实现企业与员工的双赢。如果员工想跳

槽，也要在职一天，负责一天，留下好印象、好口碑，给自己留一条后路。即使你走了，也像请长假一样，万一过渡不好，回到原来的企业一样受到欢迎。可有一种人，怀着欺骗的心理，把第一个就业的公司当作跳板，看起来在忙忙碌碌，拼命工作，实际上在上网聊天，或者干自己赚钱的私活，在自己的目的达到后，迅速离开企业，另谋他就。待公司整合他承担的板块时，才发现是一片空白。这种“暗度陈仓”的虚伪方法导致不少企业破产，也导致了企业对就业者的不信任。

郝某毕业于一所民办中医大学，应聘在一个公司搞软件素材工作。这个公司的负责人是一个学者，也是软件的总设计师，分配给他的任务是整理西医内科中的有关资料。郝某每天早到迟退，计算机键盘敲得啪啪响，每次去检查时，他都在认真地修正文献。负责人十分感动，把他升为科研部主任，给予无微不至的关怀。十个月后他要去参加一个考试，公司负责人给了他两个月时间带薪赴考，但他借考试之名一去不返。在公司软件整合时，一查他负责的资料，发现错误百出，原来他每天不是在为公司工作，而是在整理他的复习资料，准备到第二家单位工作。

郝某这种“明修栈道，暗度陈仓”的行为是所有企业深恶痛绝的。此人卖弄小聪明，非但没有尽职尽责，反而欺骗公司。他总以为占了便宜，实质上他自己吃了大亏。他用虚伪掏空了自己的品德，养成了欺上瞒下的习惯。他无论到什么企业都一样是虚度青春，没有好结果。

五、如何掌握说话的技巧

就业后工作要尽职尽责，处事要稳而不华，尤其要注重自己的说话方式。语言是人与人交流的工具，说话是表达心境的标尺。在职场中，由说话导致的结果有几种状况。

（一）话多心少

有些人话多，在大庭广众中总是滔滔不绝，其实就是说给自己听的，说了等于没说，这种人就是民间说的“响水空子”。好汉莫让人识破，识破不值半文钱，言多必失，因话多失去信任、失去发展机会的人非常多。

李某是一个高学历、开发应用软件的人。他投入了很多钱开发了一套大型软件，无论谁找他谈论软件，他总是从相对论到二进制，一个人滔滔不绝地说下去，别人连插话的机会都没有。其实他极力阐述的就是计算机检索功能，结果人家都不愿意买他的货，也怕和他探讨业务，他自己也陷入困境而无力自拔。

（二）话少心多

有些人话少是因为性格内向，但心术是好的。有些人话少是一种城府，沉默寡言又心怀鬼胎，暗中算计人，就是民间说的“阴生子”，让人防不胜防，这种话少的人永远也得不到别人的信任。

（三）言而无信

“言必信，行必果”是君子的风格。有些人话说得非常好听，只要别人有所求，都满口答应，让人心里甜丝丝的，以为碰到了知己，但言而无信，许下的诺言全是假的，这种人一类是江湖骗子，另一类是人品恶劣的人。信口开河，损人不利己，并且害人最深，让别人在等待中失去机会，这是求职者之大忌，也是职场中的大忌。

荆某十分聪明，大学毕业后先就业，后来又自己创业。在业务往来中接触了不少商界、学界的人士。任何人有事找他，他都十分热情，满口答应帮助，说得情真意切。可是他言而无信，答应的事 99% 都是空话，让不少人在等待中失落。他总是损人不利己，耗尽了自己的诚信，最终自己也忙忙碌碌，终无所成。

（四）少说多做

有些人有知识、有能力，为人诚信，怀着一颗爱心和感恩心，去工作，去对待他人。做事机灵而又沉默寡言，行动敏捷而又从不张扬，他们把少说话多做事当作自己的美德。这种人就业上下欢迎，创业八方援助，幸运之神总是眷顾着他们。

袁某是学管理学的，大学毕业后应聘到一个研究所当辅导教师。他学识渊博，精力充沛，在课堂上深入浅出，滔滔不绝；下课后，在同事中沉默寡言，从不多说。一个人承担了几份工作，总是默默地干，也总是高效率地一一完成，既不表功，也不埋怨。学员尊敬他，领导器重他，同事爱戴他，他得到了最高的薪酬，担任了重要的职位。三年后他提出辞职去创办自己的企业，为感谢他原来对单位的贡献，研究所给了他足够的费用和帮助，几年后他成了一个很有实力的企业老板。

六、积极努力，尽职尽责

牛大口大口地吃草，摇头甩尾，理直气壮，从不畏惧有人看它，因为牛拉犁，草料是凭劳力换来的。

老鼠总是偷偷摸摸地吃粮食，一有响动就迅速逃跑，因为它没有出力，是偷吃的别人的劳动成果。

一篇论文、一本书，是自己写的，在签名售书时何等自豪！如果是抄袭拼凑起来的，恐怕连书架都不敢放。工作不是做给人看的，不管有没有人监督，都要积极主动，尽职尽责，做出成就，用自己的劳动成果换来的荣誉和报酬。享受自己劳动换取的物质回报，理直气壮。如果不吃苦，不努力，阳奉阴违，计算机键盘敲得啪啪响，实际上却在玩游戏，总想不劳而获，靠投机取巧得到利益，就会像老鼠一样见不得人，心惊胆怯。

孙某是一个专科毕业生，他应聘到一家公司做技术辅导员，起初能力不强，但他不管公司有人没人，总是勤勤恳恳地工作，专心致志地学知识，一方面辅导，一方面提高自己。为了完成任务，经常工作到深夜，轮番辅导学员，从不叫一声苦。不管公司谁有困难，他都积极帮助别人，很快练就了一身过硬本领，成了公司的业务主管。工资不断提高，并成了公司的股东，生活过得十分滋润，在同学面前显得十分气派。

与孙某同时应聘的另一对男女本科大学生，承担文献录入工作。二人在一间独立的办公室工作，终日谈情说爱。公司检查工作时，看到他们校对录入得又快又好，三个月录入完毕，二人领取了大笔奖金走了，结婚成立了小家庭。待公司整合文献时才发现他们在作假，文件的题目不同，内容却是一样的，原来他们将一个文献的章节反复复制到其余章节里充数，大量文献文不对题，给公司造成严重的损失。二人婚后都好逸恶劳，生活过得十分困苦。

“年与时驰，意与日去，遂成枯落，多不接世，悲守穷庐，将复何及！”诸葛亮在《戒子书》中所警示的也是这种自以为聪明的人。这个世界上，认为别人都是傻瓜的人才是天底下的大傻瓜。长期弄虚作假，最终是要露马脚的。到头来，虚度光阴，误己前程，损失最大的是自己。人生中各种不好的结果，绝大部分是由自己造成的。

第三节　就业成功法则

在职场上成功的人，他们成功的原因，有一些不容忽视、非常重要的共性，我称其为就业成功法则。首先，我指导大家做一个就业规划，也是就业成功 100 招。

就业法宝

——成功就业100招

就业规划

1. 描绘远景，确定目标。

2. 了解自己，认知本能。

3. 提前计划，拟定方案。

4. 工作之前，认真准备。

就业心态

5. 与人为善，热情大方。

6. 忠诚企业，用心工作。

7. 换位思考，理解对方。

8. 奉公守法，勿生贪念。

9. 集体利益，放在首位。

10. 个人利益，摆在后面。

11. 面对批评，虚心接受。

12. 经受委屈，泰然处之。

13. 需要加班，毫无怨言。

14. 乐于助人，热心公益。

15. 创造价值，奉献社会。

16. 企业得失，惦挂心头。

17. 个人得失，莫记心上。

18. 只争效率，不争报酬。

就业合作

19. 理解单位，密切配合。

20. 真心沟通，善于合作。

21. 善听意见，集思广益。

22. 坦诚相见，容易成事。

23. 调整自我，适应企业。

24. 尊敬领导，尊敬他人。

25. 笔记随身，常记备忘。

26. 学习先进，远离落后。

27. 赞赏成功，消除嫉妒。

28. 虚心学习，勇于进取。

29. 取人之长，补己之短。

30. 善提建议，畅谈见解。

31. 面带笑容，乐于沟通。

32. 热情主动，消除冷漠。

33. 勇于付出，乐于奉献。

34. 敢于吃苦，锻炼体能。

35. 感恩仁爱，心存感激。

36. 快乐工作，完善自我。

37. 关心同事，互谅互助。

38. 积累诚信，言行一致。

39. 积累人脉，广结善缘。

40. 积累德能，厚积薄发。

41. 严己宽人，和谐相处。

42. 团结同事，相互激励。

就业行为

43. 谈吐文雅，尊重他人。

44. 上班在前，下班在后。

45. 拣重避轻，勇挑重担。

46. 遵纪守法，自律克己。

47. 忠于职守，履行职责。

48. 慎重跳槽，三思而行。

49. 严肃活泼，消除散漫。

50. 勤奋工作，克服懒惰。

51. 帮助落后，带头勤谨。

52. 挑战困难，享受乐趣。

53. 经受挫折，百炼成钢。

54. 接到指令，务必执行。

55. 平凡岗位，超常业绩。

56. 融入团队，发挥力量。

57. 励志在心，成之于行。

58. 追求卓越，力争更好。

59. 防火安全，处处设防。

60. 谨慎防盗，时时警惕。

61. 工作细心，差错无影。

62. 事后完善，安全保障。

63. 爱护公物，保护环境。

64. 节约水电，珍惜资源。

65. 上班时间，不讲闲话。

66. 工作时间，不做私事。

67. 工作场所，不要嬉闹。

68. 关爱他人，不弄是非。

69. 和颜悦色，宽以待人。

70. 珍惜时间，有效利用。

71. 坚守岗位，熟能生巧。

72. 行为端庄，举止文明。

73. 以企为家，尽职尽责。

74. 遵守规矩，模范带头。

就业方法

75. 会议之前，准备方案。

76. 积累经验，改善工作。

77. 主动工作，积极进取。

78. 工作高效，持之以恒。

79. 正确导向，完美结局。

80. 迎难而上，乐于挑战。

81. 工作条理，免于忙乱。

82. 整洁环境，心情舒畅。

83. 轻重缓急，有效排序。

84. 敬业爱岗，热心工作。

85. 用心工作，事业有成。

86. 注重流程，避免差错。

87. 工作连贯，尽善尽美。

就业提升

88. 保持耐力，持续进步。

89. 创造机会，展现自我。

90. 额外付出，养成习惯。

91. 提升效能，甘于奉献。

92. 乐于吃亏，回报更多。

93. 迎难而上，能力倍增。

94. 方便他人，便利自己。

95. 利益让人，先人后己。

96. 责任归己，众心诚服。

97. 功劳让人，争过让功。

98. 礼貌待人，自信诚恳。

99. 挖掘潜能，体现价值。

100. 乐观积极，迈向成功。

然后，我为大家详述就业成功的八大核心法则。

就业成功法则

感恩企业，忠诚守信。

塑造人格，修炼德能。

想当领导，先当下属。

说到做到，勇担责任。

高效工作，优质完美。

多赢思维，礼让自律。

尊上爱下，团结合作。

额外付出，百倍收获。

一、感恩企业，忠诚守信

感恩企业、忠诚于企业是一个人就业成功的关键。大学生毕业后到企业就业经常会问企业给自己多少薪水。工作需要回报，这是很自然的事，要求企业给予较好的待遇也无可厚非。但关键是你到底能够给企业带来什么？能创造什么样的价值？一些毕业生刚毕业，工作经验不足，很多专业知识还需要企业来培训，所以刚开始就业时，千万不要对企业提出过高的要求，因为你刚开始工作是一种带薪学习的过程，要感恩企业给你提供平台、提供学习锻炼的机会。

当你拥有一颗感恩之心的时候，你的工作就会起动，你的工作就有动力，你的进步也就很快。企业用心培养你一两年之后，你已经基本掌握了专业技能和管理技能，该是你回报企业、报效企业的时候了。遗憾的是，有些人因为通过企业的培养，可以展翅高飞了，开始与企业讲条件，不满足就走人；有些人甚至不辞而别，被猎头公司挖走。有些人一两年跳一个单位，以为越跳工资越高，结果成了职业“跳蚤”，在每个企业都做了一些工作，但只能做到蜻蜓点水，由于没有感恩之心，扎不下根来工作，很难有大成就。有成就的人往往是在一个企业里锲而不舍，用心探索，通过感悟和体验潜心完成一个又一个课题、一个又一个项目，然后成为企业的栋梁，既为企业创造了价值，也为自己创造了成就。

现在有一些教人如何成功，如何用心计、用技巧去获得高收入的书，其实是在误导就业者为追求眼前利益而失去长远利益，这叫作舍道求术，舍本求末。

我在剑桥大学学习的时候，曾经和总裁班的同学探讨如何选人才、引人才、留人才的问题。大家对此都深有感触。有的同学说，培养了好多人才，但是培养好了人就走了，有的甚至翅膀还没有硬就飞了。而另一方面，有的同学说，现在找不到人用，特别是有德能的高层人才更难找。好多同学的事业做得都很大，但都说找不到人用，问我怎么办，能不能帮帮忙。我说我跟大、中专学校接触较多，我了解的是好多学生找不到工作。

他们说，一方面企业找不到可用之才，而毕业生方面却找不到工作。这是为什么？到底是谁的错？我说：“谁都没有错，都是浮躁、急功近利、缺少忠诚惹的祸。”

如果就业者不感恩，不忠诚于企业，只是为了获得工资，翅膀硬了就走，企业主就不愿意花心思去培养人才。大家都睁大眼睛去其他单位挖人，结果造成了好多企业不愿意培养新人。这让更多的人失去了工作和学习提升机会，也让更多企业由于缺少人才的支撑而阻碍了事业的发展，从而进入了人才得不到培养和企业得不到发展的恶性循环的旋涡之中。

只有感恩企业，忠诚于企业，坚定信念，坚守岗位才能不断成长，这样才是就业者与企业多赢的结果。

二、塑造人格，修炼德能

“君子有九思：视思明，听思聪，色思温，貌思恭，言思忠，事思敬，疑思问，忿思难，见得思义。”人的德能修养是一生修炼的工程。人格的塑造是一个人能否成为企业重点培养对象的重要支撑点。德能的修炼是决定一个人将来是在企业的基层、中层还是高层的关键要素。所以大学生毕业后到企业工作，首先眼睛不要盯着企业给多少钱，而是要盯着自己，不断思考怎样塑造自己的人格和德能，因为人格是决定一个人能否获得领导和同事喜欢的亮点，德能是决定一个人能否让领导和同事认同的光源。

怎样才能塑造人格修炼德能呢？就是古人所推崇的“上不惶于天，下不愧于人，内不愧于心”。我这里提供一些简单方法给大家：

诚实守信，积极奉献。

勤奋宽容，先人后己。

感恩厚道，关爱宽容。

体现价值，凝聚团队。

德能修炼的关键点是：

善心善意，善念善行。

仁爱礼信，感恩报恩。

智慧工作，乐于助人。

吃苦在前，享受在后。

拥有德能的人就是德才兼备的人，企业视之为珍宝，爱不释手。虽然有才，但对缺德的人，企业视之为毒品，弃之、恨之。有一段在企业流传的顺口溜是这样写的：

有德有才是珍品，企业重用之。

有德无才半成品，企业培养之。

缺德有才是毒品，企业痛弃之。

无德无才是废品，企业清理之。

三、想当领导，先当下属

想当将军，必须先当好士兵，不想当将军的士兵不是好士兵，不先当好士兵的将军不是好将军。

想当领导，做管理，是我们的大学生毕业后就业的期望和冲动点。在这些大学毕业生看来，读了这么多年书，还和工人一样靠体力劳动养活自己，这样读书还有什么必要呢？这种想法是可以理解的。但是我们关键还要看到自己的四大劣势：一是刚毕业没经验；二是没有管理实践；三是在学校学的与社会实际相差甚远；四是自己真正学到的与文凭有多少水分，自己最清楚。

所以，作为大学毕业生，不先去做基层的实操工作积累经验，打好地基，就无法成长。万丈高楼平地起，高楼不但平地起还要向地下纵深挖掘，地基越深越坚实、越牢固，大楼就能建得越大越高。如果将来想做管理工作，你必须先沉下心来，苦其心志，劳其筋骨，在基层经受几年甚至较长时间的锻炼。

我有一位出国留学多年的朋友，回国时，企业安排他去集团领导秘书处做二级管理工作。本来这是美差，工资又高，级别又高，还可以带家属。他却要求去当随员。人们不理解，随员工资又低，又辛苦，级别也低又不能带家属。很多人说他傻，但是他坚持做了近两年的随员，两年之后工作调动，由于他有基层的锻炼经验，所以集团直接调他去做原来要管理他的领导的领导，当然工资也更高了。

事实证明，谁能够在基层各方面的工作锻炼的时间越长，谁将来做管理工作的优势就越大。这种人懂得先退一步、再进两步的道理。所有好的功夫，往往都是先退后进的。

四、说到做到，勇担责任

诚信的积累是通过一个人的承诺是否兑现的日常行为而递增的所谓“一言九鼎”。领导、同学及社会上的人总会对一个人有真正的判断。当一个人言而无信、找借口、推责任，经常承诺又无法兑现，说到又无法做到的时候，人们就会对他失去信心。日后再也不想将重大或者重要的事情安排他去完成，而且在他紧急需要别人帮助的时候，一般人家都不会理他，因为他言而无信，人们无法相信他，他当然也就谈不上升职加薪了。

大学生一毕业去单位工作，进到单位的一言一行都必须注意诚信的积累，言行一致，说到做到。要把信用看得比生命还重要。同时要勇于承担责任，别当推卸专家，要敢于承担失误的责任，而且善于帮助同事分担责任，也就是敢负责、敢担当。如果一个人能够做到这一点，那他的晋升速度最少会比别人快一倍。

不管当领导还是下属，碰到障碍，你是推土机；遇到困难，你是挑战者；遇到辛苦的工作，你是排头兵。如果你能做到这样，晋升的机会就会比别人多得多，就会成为企业的栋梁之材。

五、高效工作，优质完美

每天工作的时候，一定要问自己：

我今天的工效提高了没有？

我今天的学习进步了没有?

我今天的目标达到了没有?

我今天的道德增长了没有?

每天都这样问自己，每天都会进步一点点。圣贤教导我们每天“三省吾身”。这是千秋真理，万古信条。“人生八宝”中的“一宝”是健康在早晨，成功在晚上。意思是说，晚上可总结一天的经验，开辟明天的通途。

工作中，千万不要领导在场努力干，领导不在就不干；一个口令一个动作，没有口令就没有动作。用这种方法工作的人永远无法得到提升，而且最终也会被企业淘汰。

要高效工作首先要学会智慧工作，智慧工作就是用快乐的心情、积极的心态、热忱的情绪来工作，这样的工作也最有利于身心健康。因为真心实意地工作，平和的心情会有益于心灵健康，而心灵的平和、安静又有助于生理健康，远离疾病。同时，由于工作既动手、动脚又动脑，这样的体能锻炼也非常有益于身体健康。所以可以保证心理健康与身体健康。众多健康长寿的人都是心态平和、好善乐施、乐于奉献、勤于工作而且快乐的人。而那些病态短命的人都是懒惰、心态不好之人，他们多数都是疾病缠身、精神不振、牢骚满腹、怨恨、仇视、暗自忧伤。

六、多赢思维，礼让自律

向来成功快乐之人多数是具有多赢思维、礼让自律之人。他们进入企业之后，首先想的是如何为企业创造效益，为社会创造价值，为顾客提供满意的服务。当然也能够为自己创造更多的晋升机会，所以多赢思维是就业者成功的法宝。

这种人进入企业后大多都热情有礼，心里装着企业，一心为企业着想，有正气，有义气。这样的人一定是廉洁自律之人，他们不但带头遵奉守纪，更重要的是他们担任了要职之后，不会利用职权谋取私利。这样的人是众多企业梦寐以求之人。

希望看了本书的学生和就业者都能够修炼成为这样的人。也许有些人会问，权力不用白不用，过期不是作废了吗？何不趁机捞一点。现实社会中这样的人确实也不少，我认识的一个集团公司总裁告诉我，他说他集团经营得非常不错，不过他每年都要非常痛心地送一两位高管朋友进监狱。他眼含泪水地对我说："这些人每年近百万的年薪，还有优厚的奖金，如果忠诚于企业，他们想要多少我绝对给多少，还怕没有钱花吗！为什么非要利用权力去非法得利。最后损害了企业，又害了自己，真是聪明反被聪明误啊！"

广州某高校的一位学金融的高才生，被广东农垦的一个直属企业招聘到财务部。由于他工作表现积极，很快从职员升到财务主管。本来风华正茂，正是施展才华的大好时光。但是他有才无德，利用职务之便，在不到三年的时间里狂吞单位三千余万元人民币。然后购房，"包二奶"，生活奢华，尽情挥霍，不但给企业带来了巨大损失，还自掘坟墓，被抓后毁了自己的一生，同时也给生他养他的父母亲人带来了一辈子无尽的悲痛。

多少例子说明，很多有才干的人都是修才不修德。职高权重时哪怕已有很高的薪酬，因为贪得无厌，最后还是触及法网，落得可悲下场。

这些真实的案例给在校学生、就业职员及已经在政企、事业单位掌握了要职的管理者们敲响了警钟。请自律吧！请自重吧！用我们的聪明才智去为企业、为客户、为社会创造价值，而不是去非法敛财。我们一定要明白一个道理：不义之财，害人害己。

刚走出校门，进入企业就职的同学们，一定要学会有所为有所不为。对企业、对客户、对社会有利的事情应该全力而为，当然你也会获得相应的回报。对企业不利、对客户不利、对社会不利、只对自己有利的事情一定坚决不为。如果你做了这些“不可为”的行为，就违背了道德、国家法律法规和职业操守，可能会暂时得到一些利益，但失去了长远的利益，甚至危害生命。

七、尊上爱下，团队合作

六祖慧能这样教导世人：“恩则孝养父母，义则上下相怜，让则尊卑和睦，忍则众恶无喧。”这是处世之经典箴言。

到企业工作，首先要学会尊敬领导，关心同事，爱护下属，这是你成功就业的敲门砖。要面带微笑，学会沟通，善于理解他人，善于与各部门沟通，不能只顾做自己的事，因为每个人的工作都与企业其他部门的工作密切相关，每个人的工作质量都关系到企业的发展与企业的信誉和口碑。如果由于一个人的原因导致产品出了问题，又刚好被质检局抽查到，那么这个企业就会被判为产品不合格，企业的损失是惨重的。每一个刚参加工作的学生都必须明了这一点：认真细致地做好本职工作，与各部门紧密配合，有整体意识、质量意识、风险意识、防患意识，还要有防火防盗的意识和节约材料、节约水电、节约能源的成本意识。

把个人融入团队，是每个成功人的法宝。没有完美的个人，只有完美的团队。所有团队成员都能为同样的目标努力，那么团队将会所向披靡，无往不胜。

八、额外付出，百倍收获

刚就业的学生工作时都想有回报，这是很正常的。如果你想获得更多的回报，那么就要学会额外付出，学会吃亏，这叫作智慧的收获，也叫作吃小亏占大便宜。这就是获得更多回报的奥秘。

我刚到海南国营农场工作的时候，被分配在连队割飞机草，连长要求每人每天割一千斤，我却割了一千六百斤。有些同事说我是傻瓜，嘲笑我为什么要割这么多。我说割一千六百斤也不觉得辛苦啊。我每天都超额完成任务，这引起了连长的注意、重视和赏识。结果，我只割了一周就不用割了。连长说："小陈，你表现不错，派你去管粮油仓库吧！"当时管粮油仓库是美差，因为没有日晒雨淋。你看，额外付出就是这么神奇，得到的回报是你想象不到的。

好多人怕吃亏，我却说吃小亏会占大便宜。我当了两年仓库保管员之后，由于工作出色，被调去学校当教师。老师的工作当然更好，又能学习又体面。当时农场的生活状况是非常辛苦的；一年到头很少有鱼肉吃。有一天农场分了一条大鱼给我们学校。学校有二十六个教师，总务把鱼切了二十六块，由于切不准，最后一块是只有鱼骨的鱼头。我和校长在球室打乒乓球，打完过去拿鱼，发现其他二十四个老师都坐在那里。我说："何老师，怎么还没有分好呢？"何老师说："不好分啊！鱼头没人要。"我说："那不是很简单，把鱼头给我就行了，你们一人一块肉拿去吧！"何老师说："那你不是要吃亏？"我说："不会吃亏，我喜欢吃鱼头，你们这样分好了。"于是大家很高兴地每人拿走了一块鱼肉。

表面上我吃亏了，其实吃小亏占大便宜。第二个星期，农场给学校一个十元钱补助的名额，大家在评选的时候都说给我，我说不行，给校长吧！校长也不肯要，一定要给我，我推辞不掉，就收了下来。想一想，那时候一斤鱼才一毛六，十元钱可以买六十多斤鱼啊！我在分鱼上让利，结果大家给我一大补偿。

当然，收下这十元钱补助之后，我也与大家一起分享了。我告诉老师们星期六下午别回去，我们一起搞活动。我就拿一元钱在学校旁边的一个养鸭户那儿买了一只鸭，然后煮一大锅鸭稀饭，放些料，我们活动完后就美美地吃了一顿大餐。后来我每个周末都这样做。就这样，给我的十元钱加上我又添的两块，共十二元钱，我们整整吃了三个月共十二个周末。老师们非常开心，我也更加开心。我慷慨地将得来的生活补助和大家一起分享，加上我平时认真工作，平和待人，所以，我在农场、学校都得到了好评，为我后来获得读书深造、工作升迁的机会打下了群众基础。

其实如果十元钱自己买东西来吃，绝对没有和同事们一起分享那么开心。分享，可以将快乐无限地放大，让大家快乐才是真正的快乐。要不然自己的快乐只能是偷着乐，而不是真正的快乐。《道德经》中论人的修养得失：“名与身孰亲？身与货孰多？得与亡孰病？甚爱必大费，多藏必厚亡。故知足不辱，知止不殆，可以长久。”聚很多财物而不能周济别人会引起众怒，我舍自己所得却得到全校上下的赞同。其实我并没有想要回报，却得到大家长久的回报。

第四节　跳槽忠告

跳槽之时请三思，
机会把握贵坚持。
宝藏就在脚底下，
不懈努力得金石。

水要烧开一百度，
勇于坚持就开壶。

中途若是抽薪火，

壶壶不开费工夫。

刚就业时好多学生都怀着美好的希望进入企业，希望企业各方面都能如其所愿。但事实上并非如此，因为不论多大、多小的企业，都有其存在的问题，不可能样样都很好，都没有问题。企业为了发展，就要解决各种各样的问题。招聘新人是做事并且解决问题的。企业有这样或者那样的问题很正常，所以刚就业的学生千万不要因为企业有这样或那样的问题就心灰意冷，打退堂鼓，老想着跳槽。而应该用积极心态努力工作并利用自己的聪明才智帮助企业解决问题。跳槽并不一定能解决问题，一定要慎重。

一、不应该跳槽的情况

跳槽有好多种情况，我在这里简单分析一下，大家可以根据自己的情况借鉴。

（一）受不了批评就跳槽

我们应该把受到的批评当作进步的阶梯，认清自己的不足，这样就会取得进步，而不是轻易跳槽。

（二）受不了同事或领导的冷漠就跳槽

如果你有文化、有能力，并明白你的到来对他们来说是一种威胁，那么你努力的话，你的晋升机会就会比他们大，就会抢占了他们的位置。你理解他们，就不会因为心里难受而轻易辞职了。

（三）受不了工作的辛苦就跳槽

如果你明白辛苦的工作是在磨炼你的意志，锻炼你的体能，为你将来的成长打基础，你就不会轻易辞职了。

（四）看到奖金或收入比别人少一些，觉得不公平而跳槽

如果你老是用对比的方式去寻找公平，做事斤斤计较，那你永远都找不到绝对公平，因为没有绝对的公平。刚毕业的学生要学会智慧地对比，要与别人比工作、比进步，而不是比收入、比享受。

眼朝上看，一片黯淡；脚往下滑，不能自拔。

如果你老是与别人比收入、比工作轻松、比晋升，你就会步入黯淡灰心的境地，从而最终浪费了自己的青春。

眼朝下看，吸取能量；脚往上行，一片光明。

如果你经常与别人比工作效率、比进步状况、比行为规范、比奉献，然后朝下看自己的不足，你就会热情高涨，会不断向先进的员工学习，最终也就会不断取得工作成效而获得晋升。

我曾经跟公司的业务员谈涨工资的事情，本来他们心里想每月的工资能涨一百元就很高兴了，然而我给他们每人每月涨了两百元，结果他们反而不高兴了，说不开心、不想干。原因是有另外两个业务员因为干的时间较长，工作表现也不错，我准备把他们升职为经理，工资每月涨了八百元，其中五百元作为职务补贴。其他人一对比，觉得自己与这两位准备升为经理的业务员差得那么远，因此都不想干了。而这两位准备升为经理的业务员在升职之前每月工资先涨了三百元。本来应该是很高兴的事，但他们也不开心了，因为他们一对比，才比其他业务员多涨了一百元元，也想辞职不干。

其实，如果暂时不给他们涨工资，他们都会开心地努力干，而想给他们涨工资反而都不干了。为什么会这样呢？这是因为他们的对比方向出现了错误。于是，我专门开了一个会，让大家探讨一个真实案例。

我说我在总裁班有一个搞房地产的同学曾经做过一个花园项目，收尾赶工期的时候，由于杂工不够，临时到外面请清除淤泥的临时工，先后经历了三拨人。

上午出去只请了两个人，问他们干一天八小时要多少钱，他俩说五十元就可以了。这位同学说好，就带他俩来干活。

到了中午看起来还不能完成任务，这位同学又去请了三个临时工。他们说干半天要五十元。为了赶工期没办法，同学就答应了他们的要求。

到了傍晚还没完成清尾工作，想到明天要举办庆典，这位同学又急得去找了两个临时工。他们提出干一个小时要五十元。碍于时间紧迫、任务重，这位同学就答应他们了。

他们来了之后和前面几位一起干，大概一个小时后就干完了。我这位同学叫财务给他们每人发五十元，领钱的时候出现纠纷了——

干了一天的两个人不满地说：“我们干了一天才五十元，他们干了一小时也五十元，不行，我们每人要给四百元。”

干了半天的那三个人也不愿意了，说：“我们干了四小时，每人要两百元。”

我的这位同学说：“不是都说好了吗？钱多少也是你们自己说的，没有少给你们啊！”

根据这个真实案例，我征求了业务员的看法，让他们讨论一下临时工们吵着多要钱有没有道理。结果几乎所有业务员都认为他们吵得有道理，应该多要，要不然太不公平了。大家都说这个老板不公平，人家一小时就给五十元，难道八小时不应该给四百元吗？四小时不应该给两百元吗？

我说：“如果你当这个老板，你将会怎样做呢？这个老板错在哪里？他应该怎样做才公平呢？如果他给早上来的临时工每人四百元，给中午来的临时工每人两百元，你们说对这个老板公平吗？”大家哑口无言。我说：“问题出现在哪里呢？其实问题就出在人们往往在钱面前丢掉了诚信，忘却了承诺。因为你已经做出了承诺，就要履行承诺，为什么为了多要一点钱而把承诺忘得一干二净，把信用视为草芥呢？你做你自己的活，领取你承诺的收入，应该心满意足，为何要去管他给后面的人多少钱呢？哪怕他给一千也是他们的事，与你没有任何关系啊！”业务员们陷入了深思并有所感悟，第二天又精神十足、信心百倍地投入了工作。

（五）发现别的单位给的工资比现在单位的高而跳槽

有一类跳槽族，就是通过不断跳槽而沦为职业“跳蚤”的。他们的眼里只盯着钱，忘却了他们所服务的单位给了他们锻炼的机会，给了他们熟悉过程的适应期、了解期和学习提高期。他们掌握要领之后，正是企业希望他们大显身手的时候，他们不是用感恩之心去回报企业，而是把这些工作要领作为跳槽的资本跑去别的单位。但是到了新单位也无法大显身手，因为到新的单位又要适应新的技能和规则。到头来一山看着一山高，不断跳槽，处处不适应，误了企业又误了自己。

我的企业曾经招了一个制衣版房主管，招聘时各种待遇条件都满足他，他工作了半年，发现有一个单位给的工资更高，于是他就来向我辞职。

我说：“不要紧，我的用人原则是来的欢迎，走的欢送。确实别的地方收入较高去工作也是可以理解的，这是人之常情。”

他辞职去了另外一个单位，干了三个月就回来找我，说想回来干，我问：“为何不在那里干了呢？”

他说：“那里工厂是要突击三个月赶任务，三个月后就不需要人了。”

我说：“既然回来了，就好好干吧。”

他拍着胸口说：“这回我一定好好干。”

他干了半年多又来辞职了，说有一个港资企业给的工资比我们这里给的高将近一倍，问我能不能让他走。

我说：“既然高一倍，那就去吧。”

他去了两个月又回来了，说：“陈总，我还是回来吧。”

我说：“为什么又不干了呢？”

他说：“那个单位干了两个月就关门了。”

我说：“既然关门就回来吧！”

而且还给他提了薪，他很感激地又在公司干了近一年，又找我说：“有一个做运动服的单位各方面条件很好，待遇优厚，还是想走。”

我说：“你自己想清楚，你已经三进三出了，这次就不会让你再回来了。”

他说：“这一次好马不吃回头草了。”

于是他去了三水一家企业干了较长的一段时间。八个月后，刚过完春节，他跑来给我拜年，他不好意思地说已经不在那家企业干了，还是想回来行不？我说：“这次一定不行了，因为企业不是避风港，我已经仁至义尽了，你另选单位吧。”

后来听说他在外面又漂泊了四五家厂，最后一事无成。在2007年的7月份他给我打了一个电话，说他确实碰到难题了，现在身无分文，没有钱吃饭了，能不能够救济他一下。我又心软，说只能帮他一个月的生活费，希望不要再打电话给我了。刚好我出差，就打电话通知财务由徐副总取了五百元给他做一个月的生活费。

诸葛亮对孟获七擒七纵，最后一次孟获屈服了。对于这个员工，我给了他多次机会，但他始终带着“朝三暮四”的态度挑剔工作与报酬，世界上哪能事事让他满意呢？为什么一个本来有技术的版房主管会沦落到这种地步？因为他心态浮躁，眼里只看到钱，忘却了做人做事之道。

（六）在单位赌气而离职跳槽

这种跳槽不是单位待遇不好，也不是工作不满意，而是一时赌气想不开脱口而出就说不干了。话说出来之后，单位也觉得该人表现一般，也就不挽留了，同意其辞职。这种人会因为说气话而后悔离职。如果离职之后再找的单位比原来还差得多，这样他就会长时间处于后悔之中。

（七）表面辞职实际为了加薪而递交辞职书

为了加薪假辞职，可是弄假成真，丢了工作，这是非常不明智的做法。如果你想加薪，可以坦率地跟上司说明你的想法。因为你如果工作表现积极，工效颇高，工资待遇相应较低，可以向主管或企业老板真诚地提出要求。可以巧妙地说，有一个单位想要你去工作，待遇也较好，但你觉得还是这里各方面都好，领导也好，想忠诚为企业服务，不过希望薪水能够略为增加，请领导考虑。最后你一定要说：不管是否增加工资，你都会在企业努力好好干，开明的领导一般都会同意你的要求的。

（八）没有找好第二家就跳槽

经常会有些刚毕业的学生去一个单位工作后，由于不顺心或不如意，在没有找好第二个单位时就贸然跳槽，借口说是为了对现在服务的单位负责，这是很不理智的，也是愚蠢的。尽管你确实对目前就业的单位不满，也要先找好第二家再回来辞职。

二、应该跳槽的情况

对于应该跳槽的情况，我总结了以下几点：

1. 进入企业后，应该首先了解企业是否存在不正当经营现象。比如生产假冒伪劣产品、坑蒙拐骗、非法传销，等等。如果是这样的话，企业给你多高的工资待遇，你都要坚决离开，并予以举报，必须有做人的正义感。

2. 企业工作环境条件对身体健康有危害或者企业生产经营的产品对消费者有害，这样的企业应该立即离开。

3. 企业经营或者服务对你的健康有损，给再多的工资也要坚决离开。

4. 发现被骗了钱之后，千万不要为了追回被骗的钱而去骗别人，而应该是马上离开并予以举报。

5. 企业的文化氛围复杂，关系紧张，钩心斗角，工作压力巨大。如果一个人长期处在这种压力旋涡中，就会影响心理健康，对于这样的企业，应该选择离开。

6. 企业主管或者领导是专制型的，专挑毛病，心术不正，专门打压下属。这样的领导，我们称其为“黑洞”，他会吸走你的正向能量，给你反向能量，对你的成长起反作用，应该果断离开。

7. 企业官司缠身，所属行业处于衰退期，应该离开。

8. 企业负债累累，工资朝不保夕，见不到晴天，应该离开。

三、跳槽注意事项

（一）不要盲目跳槽

“人往高处走”是人类的共性，“良禽择木而栖，贤臣择主而事”是自古以来能人贤士改换门庭的座右铭。陈平投靠陈胜受不到重用，跳槽到刘邦那里做了相国；韩信投奔项羽当了门卫，跳到刘邦那里封了淮阴侯。他们跳槽是因为自己有真本领而被冷落。三国时黄奎和马腾密谋反曹操，黄奎的妻弟苗泽想跳槽，竟向曹操告密。曹操扑灭了叛乱后，不仅没有奖赏苗泽，反而以“不义之人”的由头把苗泽杀了。蔡瑁、张允是刘表的心腹大将，跳槽到曹操那里。由于蒋干中了周瑜的离间计，导致蔡瑁、张允被曹操不明不白地杀了。

首先，换单位、换工作并非不对，但要知己知彼，方能百战不殆。人贵有自知之明，在跳槽前一定要填好第一份表格（见表3）：

表3　跳槽前的自问表

问题	答案	问题	答案
我的能力在这儿能发挥吗		我有什么实际能力	
为什么要走		什么是高就	
怎么走		自己能不能高就	
什么时候走		不同时间走有什么优缺点	
走了以后怎么办		与旧单位的人以后怎么相处	
走了之后能坚持多久		新单位的待遇能支撑多久	
自己的优势在哪里		以后的发展前景如何	
自己是社会最需求的人吗		我对自己的了解有多深	
与自己同类型的人才多吗		走了之后新单位不如现在单位怎么办	
自己的竞争力有多大		我走后还能回来吗	
达到新目的需要什么条件		谁也不能依靠时又怎么办	
自己能否获得需要的条件		谁也不能依靠时有自己创业的基础吗	

如果这个表格里的答案都是渺茫的，你最好还是慎重一些，要经过反复的思考再做决定，并且一旦做了决定就不要轻易修改，朝三暮四。

第二，两利相衡取其重，两害相权取其轻。如果决心跳槽，那么一定要对现在的企业进行认真分析。在对已经就业的企业进行认真分析之后，可以填写第二份表格（见表 4）：

表 4　跳槽后的企业的调查表

问题	答案
本企业的文化氛围如何	
本企业是什么体制	
本企业目前的主业是什么	
本企业是否在计划新的发展渠道	
本企业的产品是在帮助消费者，还是在欺骗消费者	
本企业的社会诚信度如何	
近年内本企业会倒闭吗	
本企业管理者的综合素质如何	
在本企业管理者身上看到的是光明还是黑暗	
本企业的中层结构如何	
你的优势是否能在本企业得到发挥	
你能否从本企业管理者身上学到有用的知识	

马克思说：如果有 10% 的利润，资本家就保证能充分利用资本；有 20% 的利润，资本家就活跃起来；有 50% 的利润，资本家就铤而走险；为了 100% 的利润，资本家就敢践踏一切人间法律；有 300% 的利润，资本家

就敢犯任何罪行，甚至冒绞首的危险。近朱者赤，近墨者黑。如果第二份表格里的一切都是你不满意的，例如新企业在偷偷摸摸地制毒贩毒、走私偷税、制造伪劣产品；或者根本不知道社会发展的趋势，闭关自守、固步自封；或者口是心非，投机取巧，损人利己，这类企业迟早会垮台。那么不管给你多高的薪水，你都应该尽早跳槽。如果你的老板是一个正大光明的阳光体，企业的前景大好，即使暂时给你的薪水低，也不要急于跳槽，应该把你的智慧用于企业的发展上，因为你的收获还在后面呢！

（二）高明的跳槽

大家都知道“卧薪尝胆”这个故事。范蠡是一个足智多谋的人才，公元前 494 年，吴王夫差与越王勾践在夫椒（今江苏太湖中洞庭山）决战，勾践大败，逃入会稽山。范蠡在勾践穷途末路之际投奔了他，献计与吴王议和，并陪同勾践在吴国为奴三年。归国后，他与文种拟定了“十年生聚，十年教训”的灭吴九术。与越王苦身戮力二十余年，终于灭了吴国，成就了越王勾践的霸业。在举国欢庆之时，范蠡却带着西施跳槽走了，他们不是嫌越王给的条件不好而另投明主，而是看出勾践只能共患难不能共富贵，复国之后的勾践要诛杀能臣。于是范蠡隐姓埋名来到齐国经商，很快赚了不少钱。齐王要请他当相国，他知道，如果他使齐国强大了，必定对旧主越国不利，各为其主是起码的做人准则，于是又一身布衣，迁到陶地（今山东定陶西北），自称陶朱公，继续经商。几年后成了巨富，开创了儒商先河，被民众尊为“财神”。

在他人提供的条件下，用自己的智慧共同成就了事业，跳槽后不用获得的成功经验去帮助竞争对手，而是利用自己的聪敏智慧与社会经验改行另做一番自己的事业，这种跳槽是一种美德。

（三）**择主而事，不要背信弃义**

南北朝时，南梁的梁武帝萧衍笃信佛教。达摩是西来的高僧，佛法很高，他先到了南梁。梁武帝萧衍对他很冷漠，达摩决定北上。走到长江边，滔滔江水没有舟楫，他向一位老妇要了一根芦苇，丢到河中化成了一条芦舟，达摩踏着芦舟过了长江，到少林寺面壁去了。北方勇将侯景反复无常，投奔梁武帝，文武百官劝梁武帝说侯景反复无常，不能收留。梁武帝不听，收了侯景，还给予他兵权，不久侯景起兵反叛，梁武帝被困，饿死在城中。

梁武帝遇到活佛但冷待活佛，是没有识人、用才的慧眼，但梁武帝毕竟不是荒淫无道的昏君，也没有叶公好龙的虚荣，普度众生的达摩为什么不开导他一下就跳槽走了呢？达摩之所以离开他，是因为他确有真本领而又受到冷待，又看到梁武帝的信佛是贪功德，没有从学佛念佛中得到智慧。他怀着一颗善心，到少林寺面壁，既能表现自身的价值，又能等待他所要传授佛法的后人，给民众做出更大的贡献。

各为其主是起码的做人准则，侯景反复无常，屡杀旧主，对这样一个有勇无德的小人，梁武帝却委以重任、给予兵权，自己落得个饿死的下场，那就是咎由自取了。

“不教而罚谓之虐。”孩子或者下属有错，不教育、不给改正的机会就处罚，是一种虐待。同样，“不鸣而飞谓之忍。”上司有错，不言语、不提醒、不商榷就飞了，也算是一种残忍！

对求职者来说，无论有多大的本领，就业的心态最为重要。

如果你的能力很强，在受到冷遇的时候，应该先和老板沟通，坦诚地说出你的意见和要求。企业毕竟要获利，你的能力只会给企业带来巨大的利益，而不会给企业造成损害。有智慧的企业主绝不会担心你功高震主，只会给你创造更好的平台。如果企业主很平庸，看不出你的才华，你就学达摩一苇渡江，不声不响地离开，也是明智的选择。

如果企业对自己十分器重，自己不知感恩还怀着敌意，故意给有恩于自己的企业造成重大损失，或者拿着关系企业存亡的科技和商业秘密跳槽去投奔新主，这就和反复无常的侯景没有区别了。

田某是一个博学多才、目光远大、很了解市场需求的综合型人才。他就业后，负责给北方一个医疗器械公司开发中医软件，初次成功，市场很火爆。在继续开发中，他看到中医的发展在于普及，中医软件的市场在于实用性、知识性、新颖性，并多次向老板强调科技型企业的重心要放在科研和市场开拓上。但公司老总满足于眼前的兴旺现象，强调软件主要是界面美观、动画齐全和文献堆砌。如果单靠广告去开拓市场，削弱对科研和继续开发的投入，前景一定不好。他坚持科研投入的意见与自己眼前得利的意图相差甚远，老板便对他也冷淡起来。田某认为这个企业一定会衰退，他屡次建言无用，于是学达摩祖师“一苇渡江”走了。

之后他来到南方的另一个企业，在求职书中坦言自己的见解和能力，也讲述了为什么要跳槽。企业老总全面采纳了他的意见，聘请后委以重任，并创建了良好的平台。田某很快给这个企业开发出了系列实用性很强的新产品，企业和他本人得到了双赢，北方那个公司终于被市场挤垮了。他跳槽无疑是明智的，既体现了自身的价值，也为新的企业创造了丰厚的利润。

道不同不相为谋。

中原有一个制造电动机核心部件的公司，由于缺乏技术人才，产品质量过不了关，公司招聘了一个叫王达恩的高中生。他聪敏好学，公司想把他培养出来作为科技骨干，扶持他考进了大学，负担了他全部学费，毕业后又将他送到英国去深造，也承担了他的留学费用。王达恩获得博士学位回国后，背信弃义，看不起原来供他求学的小厂了。以学得的知识和头上的光环为资本，投奔了北方的一个大厂。这个大厂给了他丰厚的薪水，将他安置在一个核心设计部门。三个月后，他又拿着设计图纸走了，去投奔另一个企业。没到半年，他又撂下岗位走了，先后给几家企业造成了重大的损失。最后没有人要他了，他自己创业又一事无成。于是通过媒体谴责送他求学的公司，说什么虐待归国学子，糟蹋高级人才，最后还将公司告上法庭。法院经过认真调查，在几个公司出具的铁证面前，王达恩败诉了，落得个遭众人唾骂的下场。

做人得有起码的感恩心，“一年土，二年洋，三年不认爹和娘。”这仅仅是一种虚荣心。就业后像侯景一样，反复无常，一再背信弃义，那就是人品问题了。这也是万万要不得的逞才自强，以人为壑，最终给社会带来危害，自己也就丧失了做人的资本了。

（四）企业的转行与个人的转行

无论企业或个人，转行可能转到“山重水复疑无路，柳暗花明又一村”，也可能转行失败。企业转行要在事业发展的极盛时期就做计划，分出资金去摸索市场，准备人才，才会事半功倍，平稳过渡。如果在衰退时期才去考虑，转好的可能性就小得多了。在枯竭时期再考虑转行，基本上是失败的。

一个人只有从事自己感兴趣的工作，才能更好地发挥自己的潜力，做出成果。如果对自己的职业性质没兴趣，转行也要在第一个职业的极盛时期。如果你的职业规划是建立在三阶段基础上的，那么，就要在第一阶段的极盛时期摸索第二和第三阶段的市场状况，并不断熟悉准备转移行业的业务。在决定转行时，才会轻车熟路地转过去。切忌没有目标，没有前期规划，哪个行业热就往哪个行业转。隔行如隔山，轻率而盲目地转行，必定会把自己转到非常艰难的地步。

（五）要与所在企业同甘共苦

有这么一个寓言故事：

集州大河镇有一个叫龙门溪的地方。下面是条河，上面是几亩水田，河里有一条金黄的鲤鱼，田里有一条滑腻的鳝鱼，都在潜心修行。有一年天旱，水越来越浅，鳝鱼一面对鲤鱼说：“老兄，养我们的水在减少，赶快溜吧！”一面偷偷在田坎上打洞，把仅有的一点水放到下面田里去，鳝鱼也就随着水溜到下面田里。这样一级一级地打洞放水，一级一级地溜走，最后只剩下面最后一块田，它无法溜了。上面的禾苗已经枯死，它自己也无藏身之地，被困于泥巴中。

鲤鱼没有听鳝鱼的话，它懂得事物的轮回规律，物极必反，久旱必雨，河水浅了只是暂时的困难。它感恩养它的母亲河，它忍受着，没有游走，与河流共患难。终于久旱之后大雨滂沱，河水猛涨，它又获得了良好的修炼环境。上天为它的执着和感恩精神所感动，降下了一座龙门，鲤鱼一跃而过，变成了一条巨龙。鳝鱼呢？农夫恨死了它，把它抓起来用砂锅炖着吃了。

鳝鱼的阴魂不散，就去问鱼龙：“你我同时修行，结果你成龙上天，我化作了肉汤，这公平吗？”鱼龙说：“因为我怀着感恩之心，能与养我的河流共患难，而你呢？不知感恩，只为自己，一遇艰难就溜，还对养过你的水田打洞放水，使那些禾苗枯死，像你这样无情无义的东西当然该化成肉汤了！”

就业就像修行一样，要有坚强的意志、执着的精神、感恩的心态，才能在就业后获得成功。任何企业都会遇到挫折，如果一见企业有困难了就溜，或者乘人之危，落井下石，再做出损害企业的事，那么，你就会成为一个被人不齿或痛恨的跳槽者，失去所有人的信任。

第五节　在就业中成长、成才、成功

社会是由众多单位、众多岗位组成的，每个岗位也都需要人去承担。所谓三百六十行，行行出状元。如果你能在自己的岗位上，把工作做到极致，做得尽善尽美，就是事业成功。

其实，就业不是为了赚钱生活，而是为了成长，为了成功地创造价值，创造财富。

要就业成功，其核心是做人的成功。成功的人是因为他走对了路，做对了事，能不断地成长；失败的人是因为他走错了路，做错了事，拒绝成长。

做人的成功，关键是学会成长，并且在不断成长中成才，在成才后能坚持不懈、持之以恒地努力才能成功。

一、成长

成长有虚实之分，虚成长是看不见的成长，实成长是看得见的成长。两者之间互为因果，相得益彰。

看不见的成长指的是心理状态、思维境界、精神表现、道德情操、人格魅力、人生格局、人生定位等的提升或成长。这是人生务虚的层面。

看得见的成长是指身高、体重、学业成绩的成长，主要指效率、事业成果等。这是人生务实的层面。

（一）什么是务虚

务虚是指对确立的目标和将要做的事情进行思考的心理活动过程。它具有方向性、指导性、前瞻性、决策性。它从具体的客观对象出发却又离开了感性的具体，故曰“务虚”。这是决定人生是否快乐、幸福的关键，也是决定人生事业成败的关键。它是人生收获的因。

务虚有善务虚和恶务虚之分：

善务虚：用善念善意的积极思维方式，对将要实现的目标及将要做的事情、项目进行思考研究而得出的指导性、方向性、决策性的总体规划，这就是善的务虚。如德信、德灵、德能和德仁都属善务虚。

恶务虚：用恶念恶意的消极负面的思维方式，对将要实现的目标及将要做的事情、项目进行思考研究，从而得出指导性、方向性的决策，这就是恶的务虚。如虚假、虚构的一切思维，虚浮和虚妄都属恶务虚。

（二）什么是务实

务实指讲究实际，致力于实际的或具体的事情，从头做起，依照蓝图和规划一一去奋斗，去落实。这是将务虚的决策、计划变成现实的过程。

务实有善务实与恶务实之分：

善务实：用善的行为方式将善的务虚决策变成现实的过程，叫作善务实。这也是德信、德灵、德能和德仁的体现过程。

恶务实：用恶的行为方式将恶的务虚决策变成现实的过程，叫作恶务实。这也是虚假、虚构、虚浮和虚妄等恶果的形成过程。如阴谋、算计、暗算、掠夺、贪污、造假、腐化等都属于恶务实。

（三）务虚与务实的关系

务虚与务实的关系，就像古代讲的知行合一，也像理论与实践的关系。理论与实践是相互促进、密不可分的。既要有翔实的计划，又要有坚实的行动。理论指导实践，实践检验理论。脱离实际的理论没有意义，不以科学理论、客观规律为指导的实践，同样是不可取的。务虚与务实也一样，缺乏针对性、时效性、科学性的务虚活动，没有意义；同样，我们开展各项务实的工作、活动，也需要科学、深入的务虚工作的引导。另一个层面就如人的精神需求与物质需求一样，人们既需要物质生活，也需要精神生活，往往精神生活在一定时间范围内显得更重要。物质生活越富足，越需要高层次的精神生活来适应。为什么现在有钱的人越来越多，而感到幸福的人却越来越少呢？就是因为很多人对物质与精神的追求比重大大倾斜，一味追求物质。只有提升务虚的精神生活才能与丰富的物质生活相匹配，才能感到幸福。

务虚与务实的关系就像空气与万物的关系一样，空气是虚，看不见，摸不着，但至关重要，决定万物的生命；万物是实，看得见，摸得着，但需要空气中的养分才能开花结果。空气与万物相互依存，相互作用，光有空气，没有万物不行；光有万物，没有空气更不行。我们每一个人都一样，也存在着务虚与务实的关系，而且是极其重要的关系。

那么，怎样才能提升务虚的精神生活呢？精神生活分为健康与不健康两个方面，不健康的精神生活有：萎靡的精神生活、索取的精神生活、抱怨的精神生活。

这样的精神生活只能是苦度人生，痛苦人生，煎熬人生。

健康的精神生活有：精进的精神生活、奉献的精神生活、感恩的精神生活。

只有这种健康的精神生活才能笑对人生，品味人生，才是幸福人生。

在感性认识上，人们常把务实当作真抓实干，务求实效。认为务虚就是空谈理论，空谈道理，只说不干，简单把实和真、虚和假等同，因而陷入了务虚和务实相对立或相偏离的谬误圈。这种偏离也导致人生问题的不断出现和无可挽回的破坏性后果，更有甚者断送了前程和性命。务虚绝不是否定务实，务实绝不是否定务虚。“虚”并非是脱离实际的虚无缥缈、虚幻空泛、虚假空谈；“实”也未必就是真实、务实、求实；相反，它们相对存在、相互依存，它们之间是有机统一的。

一般来讲，务虚在前，务实在后。务虚解决“为什么要做？做的目的是什么？能不能做？怎么做”的问题。务实解决“如何落实计划，怎么做到”的问题。处理好两者的辩证关系，才能相互促进、相得益彰。

现在很多人出问题就出在没解决好“能不能做？为什么要做？怎么样做好”的问题，就直奔主题，加快车，简单认为做事情的目的就是赚钱，所以不择手段去赚钱，结果接二连三出问题。

通常人们认为工作、谈生意、开公司、办企业的目的就是赚钱，赚钱就是企业中的“王道”。从人“趋利避害”的本性来讲赚钱没有错，问题是赚钱之后开心吗？很多人赚钱之后并不开心，甚至为钱所累，因为他们成了金钱的奴隶。那么我们如何成为金钱的主人呢？

如果我们能提升境界，把赚钱当成手段，把帮助他人、奉献社会作为目的，那么赚钱越多越开心。因为我们真正帮助了他人，为社会做了贡献，就找到了快乐的根源，成了金钱的主人。

务虚与务实是一个事物的两个方面。务虚是针对目标的决策环节而言的，是决策前对决策的可行性、具体操作、突发情况预案等的分析研究过程，是对事情发展规律与走势进行的宏观把控；而务实是将决策变成现实的过程。没有必要的务虚，就没有决策的科学性，所务之“实”就可能是一种盲动或蛮干。科学的务虚有助于认清形势，把握趋势，少走弯路，提高效率。

务虚是精神意识、道德品格层面的活动；务实是行为方式、金钱物质索取过程的表现。

我们都知道选路比走路重要，方向比程序重要，战略比战术重要，态度比方法重要。

选路、方向、战略、态度是务虚；

实行、程序、战术、方法是务实。

务虚是无形，务实是有形，无形影响有形；

务虚是精神，务实是物质，精神决定物质。

务虚是属道的范畴，但要与术结合；务实是术，是方法、技术、措施层面的。道的纯正与否决定术的精进与否；反过来，术是否精进也说明道与术是否统一。不协调相互脱节效果就不好。道与术相关，优与劣相形。

务虚是思想意识与道德品格的表现。务实是管理技能与行为方法，也跟道德、品格相关。道德品格的好坏决定管理技能的优劣。

光务虚不务实，空讲精神，就会失去效力，成为虚而不实的幻想；光务实不务虚，空讲物质，就会失去前瞻性。所以将务虚与务实相融，物质变精神，精神无价；精神变物质，效力无穷。

（四）务虚与务实的意义

务虚的意义：

古人有一句话叫“凡事预则立”，事先做准备，做好规划，就会行动有方向，走路有目标。

1. 重视务虚，善于务虚，可以减少主观随意性，提高效率。

2. 重视务虚，在务实之前先务虚，可以减少走冤枉路、走错路，给自己留下许多空间。

3. 重视务虚，学会善务虚，可以走上成功人生路，成为一个给社会创造财富，给自己带来快乐幸福并给周围的人带来快乐幸福的人。

务实的意义：

1. 重视务实，善于务实，可以避免空谈，避免纸上谈兵，可以让务虚的决策与务实的行动相结合，产生价值。

2. 重视务实，学会在务虚决策之时即务实，可以在务虚之后立即行动，让务实的行动给务虚作为载体，并紧密结合，创造有效价值。在务实中增长经验、才干，为下一个目标提供基础。

3. 重视务实，学会善务实，可以给社会创造正向价值，造福民众，并能够充分体现自己的才能，展现自己的成就，成长为有作为的人。

二、成才

成才是人人所愿，但如何能成才，却是一个人生方程。成才的道路千万条，如同方程有不同的“根”一样。只要你有好心态、好习惯、好人缘，做事的时候遵循三要诀：勤谨、热忱、全力以赴，那么你就打下了成才的基础。

德是一个人的品行，是决定这个人的能力能否用好，能否拥有正能量，能否用于利家安国的关键。

才是每个人处理事情、从事工作的能力，才有慧才、庸才、恶才之分。

慧才是有道德、有智慧、有能力之才，所以我们常说德才兼备之人就是慧才。这种人有道德、有智慧、有能力，能用善意的、积极的、热忱的、诚实守信的才给他人以关爱，对单位尽责，为社会奉献，是值得人们大加赞赏和各单位青睐、争夺的人才。

庸才是缺智之才。庸才是不学无术、庸庸碌碌、无所事事、得过且过、马虎应对、不能承担责任的庸碌之才。

恶才是无德之才。恶才利用自己学到的知识技能伤害他人、损害企业、给社会制造麻烦，却为自己获取利益。这些人以为自己很聪明，不择手段损人利己，然而最终不但利不了己，很可能还会受到法律的制裁，变成损人又损己的损才。

大学生毕业后要就业，就业后要成功。有没有什么捷径呢？有。我在这里送给同学们一个吸引定律，物理课中讲物质有相吸、相斥的特性。人也一样，我们常说物以类聚，人以群分。为什么人群中会出现志同道合的人呢？自然是人才在流动中互相吸引而走在一起，从而形成各种不同的圈子。这都是吸引定律所产生的作用。它来源于每个人的心态、理念。

当一个人有善念，乐于助人，有善行、善举的时候，这个人就会吸引快乐、幸福、成功、好运，因为他周围逐渐出现同类型的人，特别是已经很成功的人，这些成功的人就会对你的成功有帮助，哪怕只是他们的一句话，有时都值万金，所以你就会逐渐走向成功。

你想成为慧才，首先要解决的是心念，我们叫作善念。前面已经讲过，善念有十六心念：爱心、感谢心、尊敬心、关爱心、同情心、感恩心、欢喜心、虔诚心、无我心、宽恕心、进取心、奉献心、宽容心、明朗心、信仰心、自在心。

有了这样的善念，成才之路就已经找到方向了，找到了方向就不怕路遥远了，通过努力你就一定会成为社会的有用之才。

如果成为恶才是因为你有恶念，恶念的十六心念是：不满心、嫉妒心、固执心、狭隘心、猜疑心、憎恨心、敌意心、恐怖心、烦躁心、傲慢心、自私心、忘恩心、夺取心、冷漠心、悲伤心、忧愁心。

恶念给人带来痛苦，让人走向失败。当一个人有恶念时，就会变得极度自私自利，怨恨仇视他人，见不得别人好，这个人就会吸引疾病、贫穷、灾难、噩运。因为心念不好，经常会躁动不安，从而引发心因性疾病，这类人也会吸引同类的人走在一起，如一帮狐朋狗友、鸡鸣狗盗之徒，那么等待他们的一定是噩运、灾难。

“一念上天堂，一念下地狱。”想要成才，首先要具备善念善行。具备了成才的基本条件之后，就要分析自己的品质与特长，选择与自己性格相符的人相交。毕业生面临的成才之路大致包括三种：技术专才、营销专才和管理专才。可以参照以下的分类，分析自己是哪种人才，明确成为这种人才的方式。

（一）成为技术专才

如果你的性格不太善于与人打交道，比较内向，而喜欢钻研技术、钻研工作流程，那么你的成才之路就可以定在技术领域里。发挥你的聪明才智，不断提高你的技术水平，用你的技术为他人、为企业、为社会创造财富，你自己也会从中获得丰厚的回报。

众所周知，在当今这个信息爆炸的时代，大学生会面临众多诱惑，也会面临多种挑战。如果你立志成为技术专才，就一定要坚定自己的信念，毕竟做技术或者做研究还是比较枯燥的。此外，研究技术需要了解大量的已有研究，还要有独立思考的能力与优秀的创新精神。钻研的道路上肯定会面对各种困难与挫折，面对困难，一定不能退缩，经过你的全力以赴与百折不挠的坚持，离成功就不远了。

（二）成为营销专才

如果你的性格比较开朗，善于与人打交道，自己将来想自主创业，那么你的成才之路就可以定在营销专才道路上。传统的营销就是销售产品，这里所说的营销不是简单的产品销售，而是营销你的人文理念、你的企业文化、你的价值观念。营销，要态度恭谦，语言和善。《吉祥经》上讲“多闻工艺精，严持诸禁戒，言谈悦人心”是为最吉祥。

其实每个人每天都在营销，介绍自己就是营销自己，会营销的人会左右逢源，得心应手。因为人家了解你、相信你说的话，所以你销售产品就成为自然而然的简单事情了。想成为营销专才，有一个特别要注意的重要问题，就是要言而有信，言而可信，说一不二，实事求是，千万不要说假话、空话。为了做成生意连哄带骗地把方的说成圆的，或者货不对版，这样的买卖，会堵上自己的营销道路，践踏自己的信用。

营销是一种全方位的劳动，要口到、手到、腿到、心到、情到、理到。全靠一片真诚打动顾客，来不得半点偷闲、掺假。只有这样，才能把产品推销出去，并建立一种长期稳定的信用。启动智商更应突出情商，成功条件缺一不可。

（三）成为管理专才

如果你的性格适宜与人打交道而且善于沟通，组织管理能力较强，有较好的人格魅力，就可以立志成为管理人才。

我在这里给同学们和就业者、管理者们介绍一个管理的奥秘：就是管理别人先管好自己，从管理的河流来讲，下属是下游，管理者是上游。我们经常在治理下游，为什么越治问题越多，越治污染越大呢？其实不是下游出了问题，而是上游出了问题，成了污染源，在污染下游，所以管理别人一定要先管好自己。要修炼自己的德信、德灵、德能和德仁，遵循“温、良、恭、俭、让”，这五个字落实后才有成效。让你的情绪由暴躁变为温和，语言由指责变为欣赏，让你由事后指责变为事前预防，让你对下属由痛恨变为关爱，让你的决策由优柔寡断变为胸有成竹，让你的散漫行为变为模范行为，让你自身成为爱的化身，成为德的发光体，那么你的管理就会不管而成，你所管理的团队就一定能够有工作效率并且成为真、善、美、德的合成体。

管理人才是一种实践型的人才，而非理论性的人才，这也就意味着它更多的是从实践中来，为实践而生。但是实践容易导致严重的错误，因此，要成为管理型人才，还要做到理论与实践的完美结合，学习管理学理论知识，不断在实践中琢磨、感悟，有如卖油翁工多手熟。因为对组织、市场、团队、人、权力、威信、制度等的认知，只有在实践的经历中才能体会得深切，感悟得真切。所以，领导的能力是生命磨出来的。学习—实践—磨砺是管理能力进步的法则。

三、成功

成功是在不损害他人利益和环境利益（自然环境和社会环境）的前提下，实现个人的首要目标。

成功并不是要拥有很多钱、财、物，真正的成功是做人的成功，那么什么是成功的人呢？

成功的人是今天比昨天更懂得生活美的人，今天比昨天更懂得博爱的人，今天比昨天更懂得宽容的人，今天比昨天更懂得感恩的人，今天比昨天更拥有智慧的人，今天比昨天更懂得帮助别人的人，今天比昨天更懂得奉献的人。

人为什么而活着

你是为他人而活，还是为利己而活？

你是为责任而活，还是为私利而活？

你是为事业而活，还是为物质而活？

你是为信念而活，还是为金钱而活？

你是为正义而活，还是为享乐而活？

你是为国家而活，还是为个人而活？

做一个什么样的人

你是乐于助人的人，还是自私自利的人？

你是勇于奉献的人，还是贪婪索取的人？

你是道德高尚的人，还是行为不端的人？

你是灵魂圣洁的人，还是思想肮脏的人？

走什么样的人生路

创造之路，还是堕落之路？

精进之路，还是平庸之路？

成功之路，还是失败之路？

光明之路，还是黑暗之路？

前者不断走向成功，后者不断走向失败。如图 7 所示：

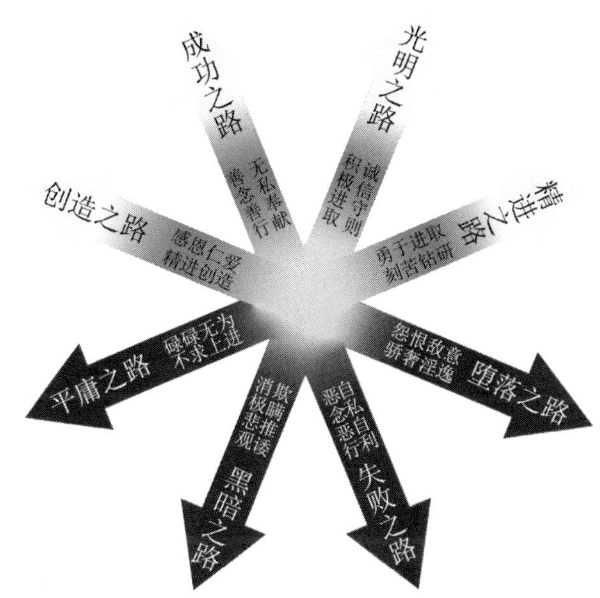

图 7　成功者和失败者不同的行为、思想

那么，人应该表现什么样的生命形态？如图 8 所示：

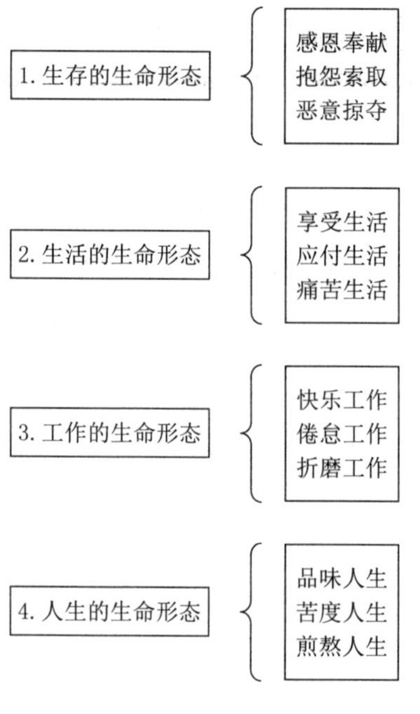

图 8　不同的生命形态

（一）**生存的生命形态**

人类是宇宙中已知的较高的生命形态。千百年来，各民族、国家的哲人、圣贤都曾经在生命意义这个问题上做过反复、认真的探讨，各种学派之间也产生了各种争论。在我看来，生命的意义是促进世界文明进步，让生命更美好。社会发展到高度文明的今天，对生命的意义很多人还是有不同的理解，甚至糊涂愚昧。下面我们就来依次分析几种常见的生命形态。

1. 感恩奉献。学会感恩、幸福终生。感恩是生命的根，感恩的人生是幸福快乐的人生。有感恩心的人，他们的生命长河就饱满充盈，他们生存的生命形态树就根深叶茂，他们的人际关系就比较和谐，情绪也相对平和，身体也较为健康。

感恩是最佳的生命形态之一，因为感恩解决了人生的沟通问题，解决了人生的动力问题，解决了人生的方向问题，解决了人生的品质问题，解决了人生的悟性问题。

奉献则解决了人生行为的真、善、美、德等问题，学会奉献、善于奉献、勇于奉献是人生成功的法宝，是生命灿烂之光源。

2. 抱怨索取。抱怨索取的人生是平庸的人生，他们生存的生命形态是碌碌无为、随波逐流的，他们大多数在为自己的胸无大志和懒惰找借口，任何学习与奋斗对他们来说都太费神了；他们宁愿用看电视，打扑克、麻将，嬉戏打闹来打发时日，进取对于他们来说简直是天方夜谭；他们斤斤计较，不愿付出，只要索取，生怕吃亏，他们不愿用奉献来获取成功，宁愿用索取来等待失败。抱怨索取的人生是没有骨气的人生，是没有底气的人生，也是没有尊严的人生。

3. 恶意掠夺。恶意掠夺的人生是罪恶的人生，他们生存的生命形态是混乱的，他们一生都想不劳而获，因而贪污、算计、侵占掠夺、造假、偷盗抢劫成为他们生存的生命形态特征。他们的收获建立在别人的痛苦之上，所以他们的心灵必然躁动不安，生命之河也干涸断流。这类人大多短命，并且会遭受牢狱之灾，所以恶意掠夺的人生是混乱的人生，是痛苦的人生，也是煎熬的人生。

（二）生命的生活形态

生命的生活形态是好是坏，全在心态。你用快乐的心情去感悟生活，就能享受生活；你用悲观的心情去面对生活，就只能应付生活；你用厌世的心情去面对生活，就只能为生活所苦。所以，当生活出现困难时，你把它当困难来对待，就会很痛苦、想逃避；你把它当成一种存在状态，就会减少痛苦、能够面对；你把它当成是一种挑战的机会，就会有信心去战胜它。

（三）工作的生命形态

面对工作有的人喜欢，有的人厌烦，有的人受折磨。为什么会有这么大的差别呢？因为很多人在工作时只看到工作本身，只注重利益，忘却了工作的意义。甚至只看到工作本身，认为工作只是谋生的手段，凭手艺赚钱而已。没有领会工作的意义的人大都工作得比较苦闷，效率也不高。既能看到务实的工作本身，又能领会到务虚的工作意义的人大都是快乐工作的人，他们工作的效率高、质量好、心情愉快。

快乐工作的哲理：正确的生命工作形态要求我们必须正确对待自己的工作，感悟工作的意义，理解工作的内涵。这样你就会主动工作、积极工作、快乐工作、高效工作。如果忽略了工作的意义，以及人生真正的生活目标，只看到工作本身，那么就会失去工作的方向，这样就会造成对待工作的不同态度，也在工作中有不同的表现。这样，你就会被动工作、消极工作、痛苦工作、低效工作和劣质工作。

（四）人生的生命形态

有的人在品味人生，有的人在苦度人生，有的人在煎熬人生。为什么有这么大的差别呢？是不是钱多的人就能品味人生，而钱少的人就在苦度人生和煎熬人生呢？事实并非如此。虽然现实社会没有钱是万万不能的，但有钱也不是万能的，光有钱也买不到真正的幸福。没钱的人自然有没钱的苦，有钱的人也并不一定拥有快乐。什么样的人才能算品味人生呢？

善务虚与善务实相结合的人生就能品味人生。善务虚能保证人的精神健康，善务实能保证人的行为健康。精神和行为都健康的人，能够感受他所拥有的财富，就能知足常乐、心态平和、交往和谐，所以这样的人就能品味人生。

没有美好理想和勤奋行为的人，只能苦度人生，因为他们没有健康的精神去领悟生活的真谛，即便有钱也无法感受他们所拥有的财富的意义。他们当中虽然很多人拥有很多物质、金钱，但他们并不快乐，这是因为他们一味追求物质的获得、金钱的积累，已沦为物质和金钱的奴隶。所以有人指责这些人“他们穷得只剩下钱了”。这样的人，是在苦度人生。

恶务虚、恶务实的人在煎熬人生，因为这类人由于恶务虚，其心理和精神就不健康，因而也就导致行为的不健康。精神的不健康与行为的不健康必然导致身心的不健康，所以这类人给社会带来的是不安、混乱与灾难。根据作用力与反作用力的原理，恶念恶行结恶果，这类人一定结果不好。同时身心的不健康反过来导致行为的不健康，所以他们的人生必然呈现出煎熬人生的生命形式。在对待生命与生活时，我们要学习先贤“不怨天不尤人”，泰然处之，用善念与善行去实践幸福人生。

（五）如何成为一个顶天立地的人

如果你已经选对了做人的方向，能够善务虚、善务实，就能成为一个顶天立地的人。1907年诺贝尔文学奖获得者吉普林写给他十二岁的儿子一首散文诗——《如果》，对成为顶天立地的人做了精彩的诠释。

如 果

■［英］吉普林

如果周围的人毫无理性地向你发难，你仍能镇定自若保持冷静；

如果众人对你心存猜忌，你仍能自信如常并认为他们的猜忌情有可原；

如果你肯耐心等待不急不躁，

或遭人诽谤却不以牙还牙，

或遭人憎恨却不以恶报恶；

既不装腔作势，亦不气盛趾高；

如果你有梦想，而又不为梦主宰；

如果你有神思，而又不走火入魔；

如果你坦然面对胜利和灾难，对虚渺的胜负荣辱胸怀旷荡；

如果你能忍受有这样的无赖，歪曲你的口吐真言蒙骗笨汉，

或看着心血铸就的事业崩溃，仍能忍辱负重脚踏实地重新攀登；

如果你敢把取得的一切胜利，为了更崇高的目标孤注一掷，
面临失去，决心从头再来而绝口不提自己的损失；
如果人们早已离你而去，你仍能坚守阵地奋力前驱，
身上已一无所有，唯存意志在高喊“顶住”；

如果你跟平民交谈而不变谦虚之态，
抑或与王侯散步而不露谄媚之颜；
如果敌友都无法对你造成伤害；
如果众人对你信赖有加却不过分依赖；
如果你能惜时如金利用每一分钟不可追回的光阴；
那么，你的修为就会如天地般博大，并拥有了属于自己的世界，
更重要的是：孩子，你成为了真正顶天立地之人！

我这样理解吉普林写这首诗的用意：他告诉儿子要有自己的主见和理想，要充满自信并坚持去实现自己的梦想；要谦虚，永不自满，为人恭谦不阿，胸中永远充满正气，以坚强的意志进行正当竞争，并不断进行自我修养以让自己成为博才多学、顶天立地之人。这既是诗人对儿子的教言，更是对一切心怀远大理想的人们之谆谆指引。

第三部

创业

创业之舰向何方？价值取向做导航。

创业为谁需权衡，成就事业立乾纲。

为了己利终无获，为了家业勤营商。

为国创业展雄才，成就人生德闪光。

创业是创业者对自己拥有的资源或通过合作联手借力的资源进行优化整合的过程。这种资源的整合过程中产生的业态价值链，就叫作创业。当然，这其中产生的价值有正效价值，也有无效价值，这是区分创业是否成功的分水岭。为什么有的人创业就能产生正效价值，能成功；有的人创业就会产生无效价值，会失败；还有的人创业却产生反效价值，伤人、伤社会，最后还伤己？产生这些不同结果的根源是创业者的创业动机不一样。

创业成功奥秘图

创业动机	创业境界	创业目的	创业手段	创业感受	创业时间	成功程度
为国家民族复兴而创业	高	为他人提供帮助给国家社会创造财富	合理赢利	快乐	长	高
为家庭家族兴旺而创业	中	赚钱	利己手段	疲惫	中	中
为满足自己私欲而创业	低	赚钱	不择手段	痛苦	短	低

第一章　创业成功的道与德

什么是道？道是合乎自然的法则，德是合道的行为。善意地帮助他人，为他人、为集体、为社会创造价值就是企业人的德。

德生于心，惠于世；沉于静，制于动；似水载千舟，如地育万物。人类呼唤大德，宇宙蕴含大德，文明因大德得以传承，心灵因天德得以光明。一个人要创业，要干一番事业，首先不光是要赚钱，而是要修炼自己的德信、德灵、德能与德仁。厚德载物说明德是一个人承载事业的基础。

很多人把赚钱作为创业的目的，这是本末倒置的。这会导致他们在商场上厮杀，周围充满风险与危机，有的粉身碎骨，有的就算有所获，但是“穷得只有钱”了。

在创业的过程中，从创业动机的树立到创业活动的坚持，都需要有合道的心态与善的思维意识，这样才能保证创业之路的方向不会偏颇。所以大学生毕业后就业也好，直接创业也好，一定要明白，人要以德为先，以义制利。有这样的价值理念，并能用这样的理念去经营，去造就事业的时候，你的道德之光已经在闪亮，你已经在享受生活之美、工作之乐，并能享受创业过程中的成就感，你就能为成功而欣喜，遇挫折而从容。你的道德之光越明亮，德能积累越厚实，你的事业就越辉煌。

现在是大众创业、万众创新的时代。创业说容易也容易，说难也难，关键看创业者的创业动机中的创业境界、层次的高低，境界高、动机合道则创业易；境界低、动机不合道则创业难。创业动机决定创业者的价值取向，是创业成败的关键。

第一节　创业动机

创业动机由高到低可分为六个层次：

最高层次：彰显灵魂的圣洁，为人类的康宁而创业；

高层次：挺起精神的脊梁，为民族的复兴而创业；

中层次：挑起责任的重担，为社会的需要而创业；

低层次：背起功利的包袱，为个人的满足而创业；

差层次：忘却经营的德信，为了金钱的私欲而创业；

劣层次：跨越法律的底线，为掠夺金钱的贪婪而创业。

现代社会，很多人都想创业，但每个人的境界不同，价值观不同，创业动机也不尽相同。然而，大多数人创业的目的却大致相同，即“赚钱”。人们都想生活得好一些，要赚钱是没有错，问题是用什么手段赚钱，通过什么行为赚钱。

有的人创业赚的是良心钱，有的人创业赚的是投机的钱，有的人创业赚的是黑心钱。创业动机不同，创业的手段也各不相同。为什么市场上假冒伪劣产品泛滥，地沟油、毒大米、毒奶粉、激素食品让人触目惊心。这都是一些无良的生产者和经营者为了赚钱，不顾一切、不择手段地赚黑心钱所致。以这样的动机创业，一定会产生无效价值，甚至反效价值。当然这种创业也注定会失败。

有的人创业，确确实实赚的是良心钱。拥有这种创业动机的人创业是为了国家和社会的福祉，希望在帮助他人的过程中实现自己的人生价值。在这种人眼中，赚钱不是创业的唯一目的，而是为了在创业中实现自己的整体价值，兼顾个人社会国家的总体利益。那些百年老字号、诚信经营的商家都是拥有这种创业动机的典范。这种创业动机是合道的，是在合道心态、合道思维指导下产生的合道行为，最终也会产生正效价值。这样的创业不但能成功而且能可持续发展。

在此，我想把我的创业动机与大家分享：为父母尽孝，为朋友尽义，为社会尽责，为国家尽忠。

为何而创业？很多人认为创业是为了赚钱，赚更多的钱是为了获得更好的生活，总之是为了人生享受快乐与幸福。然而事实是这样吗？不！太多的案例告诉我们事实并非如此。这不得不让我们反思：相当多的企业主在创业成功的背后折射出人性与人生的另一面，我们不要只看到他们表面风光，也不要只看到他们拥有了很多财产。其实在表象背后，他们积累了很多人生的忧伤，经历了市场竞争的惊涛骇浪，感受了不少情、理、法矛盾的纠结，体验了很多无奈的茫然。有的人牺牲了健康，英年早逝；有的人越过了底线，入了牢房；有的人疲于奔命，暗自神伤。根源在于如何解读金钱：是做金钱的主人，还是做金钱的奴隶。

一位企业集团的董事长退休后和我探讨做企业的苦与乐，他说他辛苦经营企业三十多年，自己筋疲力尽，一点都不开心。问为什么我做企业那么轻松，那么淡然，那么开心。我反问他：“你做这个企业的目的是什么？”他脱口而出：“赚钱啊！”他说他开大会小会都是为了完成赚钱这个经济目标，又为完成目标而争分夺秒，丝毫不敢怠慢，年年月月如履薄冰。

我回答他的是：“做企业的目的不是赚钱。”他听后一下子蒙了，几十年以来从来没有一个人对他说做企业的目的不是赚钱，教科书里面对企业的定义也是以赚取利润为目的的呀。他反问道：“难道不用赚钱吗？不赚钱工人工资从何而来？办公费用及各种生产费用从何而来？”我说：“做企业要赚钱，但赚钱不是目的，而是手段。”他问目的是什么呢？我郑重地说：“做企业的目的是给国家和社会创造财富，给人类创造有效价值，给他人提供帮助。通过赚钱这个手段去实现为他人提供帮助、为国家社会创造财富的目的。如此企业就产生了良性循环，个人自然也在经营中得到了回报。厚德载物对我们创办企业的理解就体现在这里。”他听后豁然开朗地说：“如果三十年前听您这一席话，一定不会干得这么辛苦和纠结，一定不会出现这么多矛盾，打这么多官司。”

他说他回去问一下其他企业领导人对经营企业的目的是怎样理解的。一个月后他回来对我说，问了十个人都说经营企业的目的就是赚钱。我说：“我曾经给一百五十多名农场的场长、书记做培训，也问及此问题，他们的回答也是经营企业的目的就是创造最好的经济效益。”诚然，这就是大多数企业主们为什么那么苦、那么累、哪怕赚了钱也开心不起来的根源所在。因为他们成了经济效益、金钱的奴隶。他们在不停地追逐金钱，金钱成了心的主人，因而无法感受和领略经营企业沿途的风光和美景，也就无法体验经营企业收获的成就和喜悦。所以让创业者、守业者经营企业能够开心起来的唯一办法，就是做金钱的主人而不是奴隶。

创业的动机是经营企业之神，也是企业原生态之灵魂。企业之灵魂圣洁，经营企业之神就助你成功，助你快乐，助你幸福；企业之灵魂丑陋，经营企业之神就让你失败，让你亏空，让你痛苦，让你煎熬。因为动机是道，是方向，是起心动念，也是经营企业的信念；赚钱是术，是方法，是经营手段，也是经营企业的工具。它们是不同层面的问题，有着本质的区别。

道与术要有机结合。企业家作为社会的一员，在创业过程中不能唯利是图，要兼顾企业对社会、国家的责任。“实业兴邦”，如果人人都只为赚钱怎么兴邦？怎么能利百姓？

也许有人会问我：“你创业的动机又是怎样的呢？你经营企业的底线是什么呢？”我想把我自己创业的动机和经营底线与大家做一些分享：我创业的动机前面讲过，这里再次强调一遍，即为父母尽孝，为朋友尽义，为社会尽责，为国家尽忠。

我出生在一个贫困的农民家庭，小时候生活非常艰苦。父亲是老实敦厚的农民，一家人的住房非常窄小。看着满头白发的父亲为了家里缺少住房而愁眉苦脸，我打小就从心里难过，并暗暗立下誓言：一定要帮父亲解决这一大难题，以表孝心。于是，我在三十八年前开始兼职创业做生意，帮企业推销产品，一次便把五货车的塑料凉拖鞋分销给海南各大百货商场与供销社，不到半年的时间就赚足了建房资金，完成了为父亲在老家建一幢四房一厅的平房的心愿。

房子建好后，一家人住进新房的那种喜悦，尤其是看到父亲开心的笑容，我自己的快乐是无法形容的。后来我在海南某农场的教师岗位上带薪考到广东农垦管理干部学院。开学前回到家里探亲，父亲告诉我新房还是不够住，因为家里人多了，兄弟都成家后又有了小孩，新建的房子也住不下了。他试探着问我能否再建一幢楼房。我不假思索地说："行！"

为了尽孝，为了慰父母之心，长父母之志，补父母之弱，我下定决心在大学毕业以前完成为父母建一幢楼房的愿望。

我学的是商业企业管理。为了学以致用，为了让理论与实践相结合，更为了完成父亲新的心愿，我到广州的第一个星期天就与广州的南方大厦做了第一笔生意。从此，除了上课时间在学校外，其余的所有周末时间和寒暑假，我都在广州甚至全国各大商场调研市场、洽谈生意。总之，读大学期间，我没有看过一次电视、一场电影，没有打过一次牌，没有玩过一次游戏，从来没有过周末假期。终于功夫不负有心人，在我毕业半年前，就完成了为父母再建一幢五层楼房的心愿。当然我做这些事情并没有影响学习，我懂得学以致用，期末考试成绩在班上还是名列前茅。

毕业后，由于成绩优异，表现出色，我被留校工作。学院安排我在大学劳动服务公司当经理，管理后勤工作。我勤奋工作了十年后，发现社会上有很多"黑心棉"。通过调查了解其他学校，我发现"黑心棉"问题非常严重，很多由医疗垃圾棉、殡仪馆裹尸棉等各种"黑心棉"制作的棉被流入学校，有的棉被细菌超标达三百倍，大大地危害使用者的健康。

当时我在社科院读在职研究生的专业是经济管理，于是我定的论文题目是——《学生用品的环保供应工程》，专门研究“放心棉”。这篇通过绿色生产、绿色营销的方式来生产“放心棉”的论文不但通过了考核，还获得了好评。毕业后我有一种强烈的责任感想把这篇论文中的理想变为现实。可是谈何容易？我找到好几家床上用品的生产厂家，希望他们用绿色生产和绿色营销方式来生产“放心棉”。但他们告诉我这种想法太天真，太幼稚，这种生产方式成本很高，高于市场价，他们没办法获得利润。至于“黑心棉”对使用者的健康影响，他们说管不了那么多，成本最小化、利润最大化是企业的永恒追求。

面对这种现状，我思考良久，“难道就让这么多伪劣棉被产品继续横行于校园吗？”于是我找到当地的质检部门领导谈及此事，他说“黑心棉”确实很多，他们也在严打严抓，但是“黑心棉”工厂这边抓住那边冒出来，他们防不胜防！而且“放心棉”的标杆企业太少了！

为了给国家和所在城市做个标杆企业，出于一种做人的基本良知和社会责任，为了把论文的理论变为现实，给学生们的健康带来实在的帮助，我决定辞掉公职“下海”创业办工厂，生产“放心棉”产品。

辞职“下海”需要很大的决心和勇气，因为当时学院给我的职位级别和待遇相当不错，我基本没有任何后顾之忧。但是为了解决“黑心棉”问题，生产“放心棉”，为国家社会做点事情，为了实现这个梦想，我义无反顾！

我的决定刚开始遭到了家人的反对，但我坚持了下来了。经过三年时间的反复推敲，通过上百次的产品组合试验，产品质量检测才达到了我设定的目标：

1. 材料高品质：用最好的新疆一级棉花做棉胎、垫胎。

2. 用纯精棉的高支纱环保活性染色布料做被套。

3. 生产精工艺：用五层盖纱加缝边锁针确保棉絮不走位。

4. 采用质量最优、价格最低的定价方式。

产品问世后，首先得到了广东省重点中学华师附中的师生和家长的肯定，后来广东实验中学和一大批省级重点中学相继选中我们华强企业的彩韵牌“放心棉”产品。我原来设定的“放心棉”使用年限是五年，但实际上，学生们使用了十多年还完好无损。广东省实验中学的学生家长代表参观了我们的厂区和生产线时，由衷地发出了赞叹：“能用上华强的校服和‘放心棉’床品，真是孩子们的幸福啊！”家长们的肺腑之言是对企业的最好肯定。能够得到家长这么高的赞誉，归因于我的创业动机，我把别人的孩子当成自己的孩子来看待，用绿色生产、绿色营销方式让学生们穿得最环保，睡得最舒适、最健康、最安全是我办企业的初衷，我把赚钱只当作核算成本的一个手段而已。几十年来，我坚持环保衣被的生产目标。

“产品是人品，品质是品德，品牌是品格。”产品的好坏是由生产的企业主的人品好坏决定的，企业主的创业动机引导的生产动机起到了决定性作用。所以创业者拥有优良的人品，拥有高尚的品德，拥有美好的品格是创业成功的核心。

第二节　心态合道

荀子说："心者，形之君也，而神明之主也。"意思是说，"心"是身体的主宰，是精神的领导。这里的心，即为心态。心态是情绪和意志的控制器，决定着行为的方向与正确性，健康的心态就是积极的思维方式和积极的行为方式。

合道思维来源于合道心态，合道心态反过来决定着合道思维，合道思维又决定着合道行为。可见，合道心态是思维和行为的根源。合道心态包括仁德善念、感恩心态和空灵心态；不合道的心态包括仇恨恶念、嫉妒狭隘和功利掠夺。

拥有仁德善念善行的人才能做到：**善解人意发现美，与人为善表达美，善待自己享受美，善念善行弘扬美。**

心有大爱，才能拥有感恩心态：**凡事感恩，幸福终生；凡事拥有好心态，生命之花开不败。**

空灵心态，人人至爱，学会放下，才能获得空灵心态：**用放下的心态拿起，人生才能快乐无比。**

人生有三宝：**好心态，好习惯，好人缘。**

只有拥有合道的心态，才能拥有合道的思维，才能养成合道的行为习惯，最终才能收获快乐人生。

快乐人生

■ 陈进辉

放下不满心定舒展，
卸下包袱胸怀便宽。
脸带微笑露真善，
快乐人生铸健康。

快乐不在于金钱，
快乐出自于高尚。
快乐厌弃于索取，
快乐来源于奉献。

大爱就会有快乐，
仇恨只能添忧伤。
包容就会有幸福，
计较只能惹争端。

感恩君子快乐多，
记仇小人痛苦长。
仁爱心中有欢乐，
狭隘苦钻牛角尖。

埋怨只会吃苦果，
指责只能尝悲伤。
仇视他人阻通路，
嫉妒平添障碍墙。

嫉妒人好心黯淡，
思量己差心凄凉。
贪婪思想背包袱，
怪罪别人苦不堪。

善良人们多喜悦，
恶劣之辈灾难缠。
善心善意沟通畅，
善念善行心亮堂。

真爱人们多欢颜，

势利之徒高兴难。
方便让人心灵美，
困难留己德闪光。

感恩仁爱幸福生，
助人涌出快乐泉。
奉献铺就成功路，
仁义礼信诚者昌。

趋乐避苦人之愿，
以苦为乐乐相连。
凡事发生好心态，
人生坦途谱乐章！

以上短句，既是我在创业过程中的感慨，又是我创业之余的情感流露，更是我心灵深处的清澈波澜。

创业之心难能可贵 。但是如果创业的初衷和创业的经营过程没有合道的心态，那么这种创业最终必定会失败，甚至会危害社会，自身也会掉进万劫不复的深渊。

“无善无恶心之体，有善有恶意之动，知善知恶是良知，为善去恶是格物。”

王阳明的这“四句教”是创业者走向成功的指路明灯，创业者的创业动机、经营心态和经营手段太重要了。首先创业者必须知道善恶，知道哪些事可为，哪些事不可为，哪些钱能赚，哪些钱不能赚，千万不要为了赚钱而失去了良知。必须明确知道而且坚决遵循你所经营的产品和服务是符合国家的法律法规的，是有利于消费者的，是有利于社会的健康和人文精神的，是有利于自然环境和公共安全的。哪怕钱赚少一点都可接受。如果你所经营的产品和服务违背了国家的法律法规，对消费者有害，对自然环境和公共安全有害，哪怕钱赚得再多都坚决不为。千万不要有侥幸心理，踩边线，为了赚钱，昧着良心不择手段，这样最终伤害的是自己。“三聚氰胺奶粉”“地沟油”“激素产品”“毒大米”等制造者和经营者不仅害人而且害了自己，最后都落得锒铛入狱的下场，教训是非常深刻的。

创业者的合道心态就是格物致知、为善去恶、心存善念、履行善行的心态。格什么物？致什么知？其实就是要我们当知当行，采用知行合一的经营理念与行为。如此你的创业之路才会越走越宽广，你的事业才会越来越辉煌。

合道的心态对创业活动的发展起着非常重要的作用。马云是阿里巴巴的创始人，一手缔造了电子商务帝国，马云的创业史一直是创业者成功的典范。他取得如此大的成功，与他的合道心态是分不开的。马云透露了阿里巴巴及自己的成功秘诀，那就是梦想、坚持、学习与诚信。这些合道的心态是他在创业路上一路走向成功的精神支柱：“第一你自己要相信，就是‘我相信’‘我们相信’；第二是坚持；第三，我们学习；第四，我们做正确的事和正确地做事——正是这四个关键使阿里巴巴走到现在。”

在马云看来，人必须要有自己坚信不疑的事情，“你没有坚信不疑的事情，就不会走下去，你开始坚信了一点点，就会越做越有意思。”

除了梦想外，坚持也是马云非常看重的一点。“很多人比我们聪明，很多人比我们努力，为什么我们成功了，我们拥有了财富，而别人没有？一个重要的原因是我们坚持下来了。坚持做正确的事和正确地做事。”有的时候“傻坚持”要比不坚持好很多，如果空有理想，没有坚持，理想将变成一种痛苦。

学习能力也是阿里巴巴不断成功的要素。“中国经济、世界经济、互联网加上我们的年轻，如果我们不学习，不成长，我们对不起自己，也对不起这个时代。”成功还需要选择好正确的方向，“如果方向选错了，你做得越多死得越快，所以我觉得我比较幸运。阿里巴巴选择了一个正确的方向——电子商务 + 互联网这个方向，但是做错了，可能也不行。”

马云还特别强调了“诚信”。“网商逐渐诞生起来，最重要的是诚信，所以选择最正确的事情，大力投入诚信建设。”

合道心态是让你找对方向，选对路。方向不对，功夫白费；方向走对，成功追随。拥有合道的心态加上持之以恒的努力，你就能够快乐地攀登成功的顶峰。

第三节　思维合道

“人法地，地法天，天法道，道法自然。”《道德经》之为《道德经》，因为它通篇离不开“道”。我们讲的道，是人生之道、创业之道，经营之道。我们反复强调合道，就是强调要符合天理人文。循一定法则，是与德互动相协。好思维，好人生。思维一好，一好百好；思维一了，一了百了。合道行为来源于合道的思维，合道的思维包含积极思维、全纳思维、哲商思维。

一、积极思维

凡事发生用正面的、积极的思维方式去面对。看事之好，看人之优。当灾难来临、挫折出现、困难阻挡时，不是怨天尤人，悲观失望，而是从每一件事情中发现好的一面，积极面对，担当责任，力挽狂澜。

有一个综合市场发生了大火，上千租户的店铺被烧成了灰烬。正当这些租户痛心疾首、悲痛欲绝的时候，有一个租户没有沉浸于自己的悲痛中，相反他用积极的思维发现了这场大火背后的商机，他看到的是未来在这片大火废墟上立起的一座雄伟的商业大厦。如果没有这场大火，解决这么多商户的搬迁是很困难的。于是火灾当晚，他就把未来的商业大厦的设计团队组织起来了，十天后，一份雄伟的、功能齐全的商业大厦的蓝图模型和商业计划书，以及对租户的补偿方案就送到了当地政府的火灾善后处理办公室。并且马上获得了批准。

由于有政府的批文，该项目获得了政府的贷款支持，随即动工。没过多久一栋崭新的多功能高层商业大楼就屹立在人们面前。它的商业价值比之前杂乱无章的小商铺要高出千百倍。

这就是拥有悲观失望的消极思维的人与拥有百倍信心的积极思维的人的区别，正是这种积极的思维才使他发现了商机，成功捕捉到重新创业的机遇。

二、全纳思维

什么是全纳思维？全纳思维是指一个人拥有宽广的胸怀，在积极思维的基础上，能接纳事物好的一面，也接纳事物不好的一面。要想成功创业，必须拥有全纳思维。比如前文讲的火灾事故，好的、积极的一面就是未来能够建设一栋多功能高层商业大厦，不好的、消极的一面就是租户的补偿方案如何落实。这是大厦经营者的一个难题，也是政府的一个难题。虽然租户的财产损失赔偿由保险公司理赔，但十赔九不足，而且保险公司和政府也无法赔偿未来的商业价值，政府的财政预算又是早就规定好了的，所以只能依靠拥有积极思维和全纳思维的经营者用未来的商业价值给现在的租户进行合理的赔偿，或给予保留一定的经营面积，或未来给予较低的租金，等等，这样才能达到多赢的效果。没有全纳思维是很难办成这样的事情，实现成功创业的。

三、哲商思维

什么叫哲商思维？哲商思维就是用哲学的思维做出价值判断。它是人生最高境界、最大价值的思维方式；它是人对世界奉献的最大价值的写照；它是对宇宙万事万物的一种鲜活的、开放的、灵动的、全方位的哲学思维与价值判断；它是做好人、办好事的一种高超能力；它是一个生态型的、健康安全的、持续发展的人生价值思维系统与动力系统；它超越某一时间，无始无终，它超越某一空间，无边无际；哲商思维让人对价值判断算大账、算总账、算未来账。

哲商思维决定了一个人的境界高度、品格信仰、道德素养和立身处世的能力。如果拥有哲商思维，我们就能够在付出各种辛勤耕耘的同时，收获一种恬静，收获一种淡然，收获一种快乐，收获一种康宁，收获一种幸福，收获一种吉祥。所以哲商思维是人们的一种最高层次、最有价值、最健康、最安全、超越时空的灵动的思维模式。拥有这种思维模式的人，不但能够实现事业的成功，而且他的一生也是健康、快乐、幸福的。如图 9 所示。

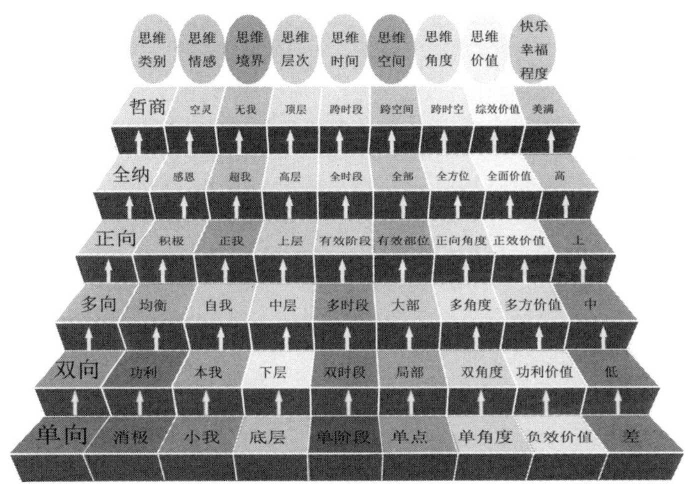

图 9　人生幸福密码图

当你的思维时间升华到全时段、思维空间升华到全部、思维角度升华到全方位、思维价值升华到综效价值、思维境界上升到无我思维时，你就拥有了哲商思维，拥有了圣洁的灵魂。

拥有圣洁的灵魂之后，你还有什么事业不能成就，什么困难不能抵挡呢？那时候，你的人生处处都是风景，时时绽放光芒。

我在广州帽峰山南端租用了近千亩山林地，准备作为中草鲜药种植基地和生态健康养生基地。租用时，矛盾困难重重，前一位租用人虽然租下了地，但是并没有使用。因为他的思维模式是单向的，只租地不做其他补偿，而村民要求青苗补偿，从而导致争端，土地也一直无法使用。

我与村里和社区都签订了合同，但是村民的青苗补偿确实是一个难题。如果按照村里的规定进行青苗补偿，也是比较容易的，但是村民对此不满意。于是我派人去每个农户家，对树苗的种类、数量和大小进行详细登记，但是村民不愿意去仔细量，最终也无法达成一致。后来我用全纳思维，不去一点一点测量，而是由村民自已报数量。但是填完单子之后，数量和补偿金额与实际有天壤之别，甚至有种果树苗的村民种一棵报一百棵，没有种果树苗的村民也乱报一通。用全纳思维的全部接纳模式还是无法解决问题，因为无法进行价值判断。最后我用哲商思维的方式进行价值判断。具体操作如下：

（一）“超我”的善思维意识

这种意识不是单纯按实际数量补偿来看，而是从村民比较贫困的角度去看，让他们不填写数量，而是填写一个心理最能接受的金额，然后经过沟通协商，让村民接受了一个比较合理、比较满意的青苗补偿金额。如果单纯从实际数量的补偿标准去谈，那肯定是无法达成一致的。但是我用善意的“超我”思维方式去看，认为哪怕村民多报一些，我就把这当作给村民援助扶贫的一种方式，这样就不会拘泥于数量的实际补偿标准，从而双方都获得了心理的平衡。

（二）“无我”的可持续综效价值思维意识

这种思维意识从安全思维上升到善意的思维模式，再上升为可持续综效价值的思维模式，从个人价值递进为超我价值，上到社会价值，再上升到可持续综效价值，也就是哲商思维模式。

前面讲的善思维取得的心理平衡还不够，因为给村民做到了一个比较满意的补偿，只是解决了一个时段、一个方面的事情。作为企业来讲，企业要考虑的是有什么回报，有什么利润。而投资种植农业的回报是不可预知的，而且中草鲜药的利润很低，市场还是个未知数，风险也很大。如果光从企业的种植回报的角度去考虑的话是无法做这样的事情的。

那我为什么还要孜孜不倦、热情地努力去做这些事情呢？因为我对综效价值进行分析，总结出包括三改、三造、三增、三合作等方面的可持续的综效价值：

三改价值：

改荒山鸡、猪、杂物棚脏乱差现状；

改荒山杂草丛生、泉水流失污染现状；

改果农单一果实收成、靠天吃饭现状。

三造价值：

造种植中草药花景——在荒山上种植石斛、鱼腥草、板蓝根、车前草、白花蛇舌草、茅根、金银花和毛冬青等中草鲜药，既有收益，又能形成各区域各类别花草景色；

造水中种植中草药水景——在每一小段溪流筑矮堤蓄水，在溪流内种植莲花，在堤上种草药，形成中草药与花相互映衬的水景；在溪流两侧种植不需口服的中草药，通过闻其味就能治病，作为中草药提升价值的创新途径；

造果树上种石斛综合利用奇景——在传统的龙眼树、荔枝树、黄皮树及其他树种的树身、树杈寄种上铁皮石斛等名贵中草药，既可增收，又可造景。

三增价值：

为农民增收——构建新型农业经营体系，形成“企业 + 科研 + 农户 + 市场平台”的基地建设、产品研发、种植加工、销售使用为一体的发展格局，可为成千上万户农民带来稳定的发展收益；

为政府增收——该基地是一个集中草鲜药种植、研发、加工、销售、生态观光旅游于一体的综合性生产种植基地。该项目的建设投产能持续有效地增加财政收入，预计每年将为政府产生上千万元人民币的税收；

为就业增岗——该基地可为学农业、林业、医药、市场营销等相关专业的学生提供良好的就业与创业平台，该项目投产后最少可为社会提供成千上万个就业岗位和培育大批的创业团队。

三合作价值：

该项目与广东省农科所合作——由该项目提供中草药种植的技术支持和专家直接指导，由企业为该所提供实验基地；

该项目与中医药大学合作——设立中草药种植、使用、发展科研所，由基地为大学提供科研岗位实践平台，形成集科研、种植、实验、实习、实训、实岗于一体化的产、学、研体系，为当代大学生投身新型农业建设提供极佳的就业与创业平台；

该项目与各大中医院、综合医院合作——由各大医院提供市场平台，由基地提供各大医院所急需的物美价廉的新鲜中草药，既增加医院获得实用药物的渠道，又给病患者带来福音，因为用中草鲜药治病花钱最少、效果最好、无副作用；

该项目填补了广州市区域内缺少新鲜中草药种植基地的空白，及时有效地满足了市场对中草鲜药的需求，有效地减少政府的医药开支，创造较大的社会效益。

同时在该基地开展生态养生项目：心灵养生、行为养生、食疗养生、音乐养生、五行养生、环境养生。其最大的价值就是给人们的健康带来实实在在的帮助。

当然这个项目还在进行中，正为达到各种期望的价值做进一步的努力。如果拥有了哲商思维模式，不管成功与否，你一定会体验到创业过程的快乐与愉悦。

因为你放下的是个人得失的功利心态，拿起的是为自然、为人们、为社会、为国家担负责任的善举，你的人生一定是幸福快乐的人生。

第四节　行为合道

“明道、优术、取势”往往是人们通往成功之路的三要法。“明道”为首指的是一切创业者必须先明道，然后才有方向，奋斗方有力量。“优术”是指自我能力的提升。“取势”是指抓住机遇，捷足先登。行为合道就是指人的一切行为必须符合天理之道，符合法规之道，符合政策之道，符合道德之道。

想要行为合道，必须养成终身学习的习惯，养成终身善行的习惯，养成终身奉献的习惯，养成乐于助人的习惯，以此为创业成功凝聚正能量。

一、学习应该贯穿人的一生

金无足赤，人无完人。人永远是一个“未完成”的个体，学习则是保证每个人一生发展的“精神面包”。因此，人生绝不能机械地分为学习期和劳动期。从学校毕业，也不意味着学习的完成，学习应伴随人的一生。

二、终身学习是一种生存方式

学以致用，活到老学到老。在终身学习的概念里，学习活动超越了学校范畴。学习活动不仅仅是教育必需，也是生存必需，更是新时代的需要。终身学习正在成为人类在未来社会的一种生存方式。学习的核心是如何让自己超然、释然，学习如何让自己从“本我”“自我”向“超我”“无我”升华，这对创业者是极其重要的学习。

三、学习是个主动的过程

“博学之，审问之，慎思之，明辨之，笃行之。”在不断变化的社会里，人的思想没有片刻的停顿。在一生发展的过程中，人没有理由拒绝不同生命阶段的发展任务。为了更好地发展自己，终身学习是必需的。但是终身学习并不意味着学习是强迫性的、痛苦的，而应该是个体积极主动的一个过程。个体在积极主动学习的过程中，也会收获自己对知识、对社会的感悟，从而实现精神的富足。

因此，树立终身学习的理念，不仅是学生的任务，更是所有人一辈子的任务。“朝闻道，夕死可矣。”只要意识到这一点，任何时间开始学习都不晚。

不管在学校工作还是在其他工作岗位上，不管是辛劳还是轻松，我都用快乐学习的心态去面对。在工作辛劳时，我想的是激发自己以苦为乐的精神，修炼超越辛苦的心境。把学习作为一种快乐的生活方式，久而久之学习就成为自己习惯的一部分，也便不觉得苦了。在碰到困难时，我想的是如何面对困难，超越困难，挑战困难。在碰到不公平待遇时，我想的是如何学习理解对方，理解对方看问题的角度。在碰到争执时，我想的是如何换位思考，如何求同存异。古人讲，君子和而不同，小人同而不和。因此，站在对方角度看问题很重要。

经常有人问我：“你为什么总是笑容满面，我们为什么这么苦？”刚开始不明了他们为什么会压力山大，痛苦连连。由于问我的人多了，我也留心观察越来越多的人，终于发现了我快乐的奥秘——快乐的学习心态，感恩的仁爱心态。

我读书的时候很快乐，同学们不解，问我：“为什么你能那么快乐地学习，我们为什么那么郁闷？”我说：“我觉得学习是很快乐的事情啊。”因为我是带着好奇、欣喜的心情去学习的，学会很快乐，学不会我会很惊讶，就问自己：“难道这样的题我解不了？”于是激发了我挑战难题的激情，当把题解完之后就非常高兴。

我在农场劳动的时候很快乐，很多人问我：“我们的工作这么辛苦，你怎么还越劳动越开心呢？”我说我劳动的时候，能够学习很多经验，特别是流汗的时候，我把它作为锻炼身体的一种方式，同时能和工友们一起工作有说有笑、分享经验，所以我很快乐。

我当教师的时候，好多老师问我：“陈老师，你怎么整天这么快乐啊！我们都被学生气死了。”我说：“我被学生乐死了。”同事们不解，我说：“学生成绩好是我教得好的结果，所以我很快乐；学生成绩差使我意识到我要改变教学方法，是提高我的教学水平的机会，所以我很快乐。学生纪律好是我管理得好，我很快乐；学生纪律差，使我意识到我与学生沟通有障碍和我的管理方法有待改善，所以我很快乐，因为我打心底里就喜欢孩子。”

我在大学做后勤管理工作的时候，其他部门的同事经常问我：“你为什么这么快乐？为什么你的部门上下一致，那么和谐？而我们部门却存在很多矛盾，很不开心。”我说：“我与下属相处的原则是“2080”原则，下属犯错，我负80%的责任，下属负20%的责任。”他们不理解。我说：“下属犯错说明我没有培训好他们，特别是没有做好提示，所以我负主要责任。”他们问我，如果事先都培训好并做了充分的提示，他们还做错了呢？那就不是你该负的责任了吧。我说：“不对，我还是负主要责任，如果我都做了充分的培训，并且事先也做了充分的提示，下属还做错，也还是我的责任，说明我眼光不好，我要提高识别能力，不应该安排这样的人去做这种工作。”他们若有所思。

我在经营企业的时候，好多企业界的朋友也经常问我：“你为什么这么快乐？我们为什么这么痛苦，压力很大？”我说：“根本区别是你们经营企业是为了赚钱，为了赚钱长年累月地辛劳；为了赚更多的钱，年复一年地疲于奔命，说到底你们成了金钱的奴隶。”他们说：“难道你不赚钱吗？”我说：“我也要赚钱，但赚钱不是我唯一的目的，而是我实现目的的手段，我的目的是给消费者提供帮助，创造价值，给社会创造财富。由于我放下了功利的心态，拿起的是责任意识，是诚实守信，是道德行为，所以我心里装的不是要赚多少钱，而是能够给社会做多少事，通过我的能力能够给社会贡献什么。生意多做一笔开心，少做一笔也开心，所以说，用放下的心态拿起，人生就快乐无比。”

我在学业上养成了终身学习的习惯，从大学、研究生到博士生，从中山大学 EMBA 进而到清华大学、香港大学、剑桥大学到牛津大学全球企业领袖培训，我都在不断追求必然和自然，不断追求过程由超然而释然。

在心灵的修炼上，增长道德的学习；在人事的交往上，增长友谊的学习；在工作管理上，增长责任感的学习；在咨询培训上，增长健康人文的学习。

学无止境，在学习中增长才智，在学习中得到感悟，“造烛求明，读书求理，不学则无术”，在学习中得到快乐，真正做一个自己快乐并给他人带来快乐的人。

知道做到方为道，明德舍得才是德。

学习是知道，实践是做到，我们必须在遵循客观规律的行动中下功夫，勇于进取，乐于奉献，勤于创造，乐于助人。在行动上千锤百炼，生命不息，奋斗不止。只有在实践行动中创造财富，才能体现你的聪明才智，才能真正体现你的合道行为，才能绽放你的生命光彩。

每个人想要成就事业，必须有合道行为。在创业时的一切行为必须符合自然规律，必须符合道德规范，必须符合国家的法律法规，必须符合各种规范，必须体现健康人文精神。只有这样你拥有的才华才能使用在正道上，才能帮助你走向成功，体验快乐和幸福。否则即使你学富五车、才华横溢，如果偏离了方向，也会走向失败，收获痛苦和灾难。

我们常温《道德经》：“人法地，地法天，天法道，道法自然。”什么叫“法地”？就是学习、效仿大地的宽容，以及包容万物的胸怀，也就是坤母的精神。地效法上苍，无私地覆盖大地。日月星辰运行，给宇宙的运转增添力量，天法道，上苍也遵从一定的法则，小而无内，大而无外，一切都符合道。道法自然，更是没有任何人、任何旨意去驱动任何东西，宇宙万物都是以无私为德，人类要从中感悟到德的伟大和永恒。这是个大学问。我们遵从宇宙规律：把天道、地道、人道紧密结合起来，效仿天地自然的无私、包容与自由运转，把这种时空的贡献作为常态，作为生生不息的正能量，作为自强不息的动力。中华五千年，我们的先哲就是这样，以毕生精力“究天人之际，通古今之变”。他们为后代子孙喊出：“为天地立心，为生民立命，为往圣继绝学，为万世开太平。”他们的思想与天地同寿，与日月齐光，所以能用博大宽厚的心胸承载着、传承着中华五千年文明。有“天地存肝胆”的气魄，便有“日月阅耀华”的时空永恒，万代安宁。

第二章　创业经验分享

创业之路既是艰辛之路，也是辉煌之路。如何让创业之路减少阻碍、更加平顺呢？有没有什么窍门能让同学们、工作者和创业者少走弯路，从容前行、走得更远呢？在这里，我跟大家总结和分享一下我的创业经验。

第一节　健康的人文精神

创业者首先要考虑的不是能赚多少钱，而是看自己是否拥有健康的人文精神。我创业始和创业中始终坚持四个方面的人文精神。

一、爱心文化：奉献爱心，让用户永远满意；肩负责任，为和谐社会增彩

对消费者有爱心，首先体现在产品原料、辅料的选择上。产品对使用者有没有伤害，是否安全，这是我们考虑的首要问题；在保证对使用者没

有伤害，确保使用安全的前提下，再考虑产品对使用者是否有使用价值；然后再考虑如何让产品的使用价值最大化。

对消费者有爱心，还体现在生产、加工产品过程中生产者、加工者的用心、耐心、细心与精心上。生产产品时要心怀爱心，当作在为自己和亲人生产产品，也就是要把使用者当成自己的亲人去看待。如果大家都能这样做，那么就不会出现粗制滥造、假冒伪劣产品，而这样生产出来的产品自然能显现出健康的人文精神。

二、经营理念：把困难留给自己，将方便让给对方

《道德经》中说："圣人无常心，以百姓心为心。"治国、为功业者都先为百姓、为别人着想。创业经营的理念与做人的理念是一样的，有好的人生理念，做人就会轻松快乐、幸福吉祥。同样，有了好的企业经营理念，我们创业和经营企业就容易成功，而且能走得顺畅、持久。

我创业成功最宝贵和最实用的经验是我的人生理念，也是我的企业经营理念——把困难留给自己，将方便让给对方。好多人曾经问我："你这样不是很傻吗？把困难都留给自己，不是很困难吗？"我都是笑着对他们说："我一点都不困难。"他们说："为什么？"我说："我把帮助别人解决困难当成一种快乐，所以就没有什么困难可言了。"由于乐于帮助别人解决困难，所以人家也愿意与我合作，生产经营也就有了可靠的客户保障。

一般人们签合同时，双方出现问题未能解决，就由当地法院仲裁。我签的合同如果双方协议不成，就以对方利益为首要前提，所以人家与我合作放心，也就愿意与我合作做生意了。

三、利与义发生矛盾时，取义舍利，以义制利

我们生产“放心棉”学生被，做棉胎的师傅说：“从来没有见过这么‘傻’的老板。哪里能整条棉被上下都用这么好的新疆一级棉花做棉胎和垫胎，真笨！”我问师傅们以前在别的地方是怎么做的。他们说都是把那些次棉、差棉放在下面，上面铺一层好一些的。这样才能赚钱。我说这是赚昧心钱，这样的钱再多我们也不赚，我们做“放心棉”棉被就是为了解决社会上那些“黑心棉”问题。

我要求把装棉胎的棉被套、棉枕套、棉垫套全部生产完成后洗过高温熨烫再包装。原因是我儿子考上华师附中后，我发现保姆在给孩子洗被套。我当时心里就想，好多学生报到当天领取被子就要使用，根本来不及洗，这样将给学生和家长带来多少不便啊！我们生产的被子要全部先洗干净，让孩子上学报到当天就可使用。

“以人及己，以己及人。”任何事物都能反观，“致良知”，你就理直气壮。“诸人以为善，是与人为善。”我们讲的积德行善不是一句空话。在“环保被”“放心棉”上就是坚持执着“放心”一点上。“吃亏是福”也是我经营中不计小利、取大义之由。为了清除被套生产过程中的灰尘，并且高温熨烫，我到办公室把副总、厂长和财务叫到办公室，告诉他们所有被套、枕套、垫套全部洗过再装。李厂长摸着我的头说：“陈总，你有没有发烧？全国做被子、被套的所有厂家，没有一家厂是出厂前先洗过的。你知道洗了以后，由于纯棉缩水，每床就要多出八十多厘米的布，那就要多花十多块钱啊。千万不能洗！”财务说：“洗了之后还要烘干、整烫，又要多两块多钱。这样总共每床大约要多花十五元的成本。我们签的合同价

格已定，本来价格已经非常低，如果这样做，一共三万多件的产品就要白白损失五十多万元。千万别洗啊！”我的副总也站出来反对，他说：“不洗颜色好看，洗了之后色调就没有那么好看了。这对参加投标有影响，又要损失那么多钱，还是别洗吧！”最后我说：“如果从赚钱角度讲当然不洗最好，因为这样可以多赚钱。但是我是从责任角度来看，从我们企业的爱心文化来看，我们做企业的目的不是赚钱，而是给消费者创造价值、提供帮助，赚钱只是我们经营企业的手段。我们必须洗。”他们还是不懂，最后我说：“你们的孩子去读书，是不是先得把被套洗干净？”他们说：“是啊！”我说：“如果你们把学生当自己的孩子和亲人来看就不会跟我争了。我所要的是孩子们睡得最卫生、最干净、最环保、最舒服。这就是我想要的。”最后我说服了他们，大家意见达成一致：出厂前要洗被套、枕套、垫套。连续十多年以来，我们都是这样做的。

四、先人后己：利益目标按五满意目标排序

在创业与经营企业的过程中，利益目标排序非常重要。在利益排序中很多人会把自己的利益最大化排在首位，而没有更多去思考相关联的群体是否会利益受损。只顾自己的利益，甚至为了自己的利益最大化而不择手段，以次充好、假冒伪劣、欺瞒拐骗，这样是不会经营长久的，企业也是难以成功的。

那么有什么办法能让创业更容易成功，经营更为持久呢？那就是先人后己，把利益价值目标按五满意排序。

前面有关修德、优术上的论述，我自己首先实践在为人处事上，创业

出品上我以德为重，以道为先，以义为本，所以一切坦荡荡。

第一满意：让使用的消费者满意

为了让使用的消费者满意，必须发自内心地做出质量好的产品，同时要有真诚的服务，还要有性价比合适的价格。

第二满意：让原料供应商满意

要做好产品，必须要有好的原材料，只有出得起价格让供应商满意，他们才会提供优质的原料。

第三满意：让合作单位和社会政府职能部门满意

不管是有形产品还是无形产品，关键是要为合作单位带来正向价值，为树立其形象带来帮助；给政府的税务部门带来税利；同时生产要符合政府环保部门的要求，不会对环境造成污染；还要符合政府宣传部门的要求，不会给使用者和社会造成精神污染。

第四满意：让员工满意

只有让员工满意，给员工合理的薪酬与福利，他们才会发自内心地把产品做精、做细、做专、做好。所以，我给员工定的薪酬标准一般要比同行高出20%~30%。

第五满意：让企业主满意

产品按照合理的利润定价，才能让企业有良性的发展。只有把企业主的满意排在最后，才能确保前四个满意的实现。也只有在前四个满意的基础上，企业主的满意才能变成现实，才能持久。

第二节　诚信立业

《省心录》云：“诚无悔，恕无怨，和无仇，忍无辱。”所谓“诚”就是德行，就是道行，就是创业必需的道德基础。我创办企业这么多年来，一直坚持诚信经营，诚保质量，诚实沟通，诚恳待客，诚意服务，以至真至诚之心去经营，并得到了所有客户的信赖。有时候表面上看少赚钱了，其实从长远来看，口碑在外，客户信赖你而且介绍客户给你，经营就能细水长流，不但回报更多，更重要的是享受了友好合作的过程。获得信任比获得金钱更重要，同时得到顾客的长期信赖，生意也就如流水一般源源不断。与顾客友好相处又能相互获益，且心里充满愉悦和希望，真的是相得益彰。

诚信要有道义和信念来支撑，特别是要有道德和勇气来实行，在利益与正义面前毫不犹豫地义先利后。

辽宁鞍山华侨商厦与我们友好合作，有生意来往已有多年。后来商厦倒闭不开了，他们的经理打电话告诉我他们商厦准备关门了。我问：“还有没有存货，需不需要我帮忙解决？”商厦经理说还有两万多元的货。我说：“那就退回来吧，我把款退还给你们。”他惊讶地说：“我们都关门了，你还把钱退回给我们？不可能吧！”我说：“合同不是规定好的吗？先付款后发货，卖不完可以退货、退款。”

于是我马上让财务把两万三千多元的货款汇给他们。他们收到货款后把货退了回来。过后，商厦的经理对我的举动还是纳闷，他问我："你明明知道我们都要关门了，还退货款给我们？我们商厦有来自几百个厂家的存货，只有你们华强肯让我们退货，给我们退款，这实在是不可思议啊！"我的回答很简单，我说："诚信靠行动，不讲任何借口，不打任何折扣。"

人无信不立。当你守信时，心里就淡定从容；当你不守信时，心里总会有一些慌张异样。守信是在内心深处自动自觉地承诺并付诸行动，不受经济影响，不受环境影响，不受外在条件影响。

我曾经出差去深圳，在一家餐厅吃完午餐后为了赶时间就匆忙走了。司机开出二十多公里后，我才猛然想起刚才忘记付饭钱了。我心里很是内疚，就告诉司机赶快掉头回去交饭钱。司机不解地说："我们已经开出几十公里了，难道还要再开几十公里回去交一百多元的饭钱吗？不可能吧。"我说："对。开回去，再忙也要开回去，不管钱多少。我们忘记交钱已经是我们的不对了，知道不对还不去挽回就更是错了。赶快开回去。"

回去后，我告诉餐厅的员工说我们离开了几十公里后才发现忘记交钱了，现在回来交。而他们还没发现这个问题。于是我就告诉餐厅员工我们刚才吃的什么菜、在哪个桌上吃的。餐厅员工恍然大悟，万分感动地说："为了交一百多元饭钱赶几十公里回来，你们的行为简直不可思议。"

交了饭钱之后，我的心平静下来。不然我的心会一直因为这件事而感到不安，因为不诚信会让我心里发慌，总觉得亏欠了别人什么。这就是诚信变成了习惯的作用。

在经营企业、销售产品时，好多功利的人会缺斤短两，以次充好。这么做，他们可能得到了暂时的利益，但却失去了诚信，也就失去长久的利益。因为这种欺骗行为被人们知道后，人们就再也不会光顾他们的生意了。如此一来，他们的企业也就难以维持下去了。这种人不但损害了自己未来的利益，影响到当地的市场名声，还会影响到当地市场的发展，成为害群之马。

我刚生产“放心棉”棉被时，工厂里的师傅们很不理解地说：“你怎么这么笨呢？哪里能够用这么好的一级棉花来做棉被、垫被！这实在是很蠢。”我说：“我请你们做棉被、垫被就是要用最好的棉花，再用五层纱盖面、缝边、锁针，然后还要打上商标和师傅的生产编号。这样保证质量和安全，这床棉被最少的使用年限都能达到六年。”师傅很不理解，当然他们还是按照我的要求严格生产了。

刚开始生产出棉胎和垫胎的时候，我亲自过称，发现重量不足。于是我做了规定：棉胎和垫胎的重量不足就要扣师傅的钱，重量超过就不扣钱，当然最好是达到标准。师傅们哈哈大笑，说：“哪里有像你这样的老板？哪有这样做生意的啊？重量少了你不是能多赚钱，重量多了不是要亏钱吗？”我说：“重量绝对不能少，宁多勿少。因为少了我们就失去了信用，对不起消费者。我宁可少赚钱，甚至亏钱也要确保重量足，而不能失信于人。”师傅们摇摇头表示无语。因为师傅们不知道我生产“放心棉”棉被的初心是为了让学生们睡得最环保、最健康、最舒适、最温暖。这才是我想要的目的啊，赚钱只不过是我为了实现这一目的的手段而已。

人无信而不立，诚信是无价之宝。任何人，尤其是创业者，只要以至真至诚之心去经营，以信守诚信之行去履责，就能够成功。

第三节　厚德载业

我创办和经营企业坚持遵循立志、立德、立言、立规、立行的经营准则。

一、立志

立志就是确立创办企业的志向，明了创办企业的目的。一般人会说办企业的目的不就是赚钱嘛。但他们不明了赚了钱的目的又是什么，金钱背后有什么意义。所以，这类人一般都成了功利人，最后成了功利的奴隶。而我做企业的目的和思维境界与他们不同。我办企业的目的是为消费者创造价值，为国家和社会创造财富，这是道、是方向。当然，我也要赚钱，但赚钱是成本核算的合理定向，是术、是方法。

二、立德

产品是人品，品质是品德，品牌是品格。企业创业者与决策者的人品优劣，关系到产品品质的优劣。

创业决策者的德决定了企业产品的德。因为产品失德、缺德将会危及千家万户，所以，创业者必须有法律、法规底线和道德底线，千万不要为了赚钱跨越底线或者搞所谓的“擦边球”。不管你生产有形产品还是无形产品，都必须对社会、国家、环境，特别是对使用者有正效的价值。

一般工厂生产枕芯只考虑把纶丝塞进枕套就可以了。我生产枕芯时考虑的不一样：第一，我考虑的是如何让学生睡得香，不落枕，能够保护颈椎，所以我设计了定型枕芯。第二，我考虑的是如何改善学生的睡眠。我请教过十多位中医专家，他们建议我放一包薰衣草，那样可以改善睡眠。第三，我考虑的是怎样能够防止蚊子叮咬。他们又建议我放一包香茅草，这样既有香味还可以驱蚊。尽管已签订的合同里没有要求我这样做，这样做也不可能再要求对方提高合同价格，但我还是宁可增加成本，增加工钱，增添麻烦，都要在每个枕芯和每张棕垫里放两包薰衣草和香茅草。这样做不为别的，就为了让学生睡得香、睡得好、睡得舒适、睡得温暖。我想，这就是企业立德的行为表现吧。

每年新生开学时，看到学生、家长排着上千人的长队交款领床上用品然后费力搬上楼的场景，我就想这要耽误他们多少时间和辛劳啊，特别是一些个子小的女生真让人心疼。于是我决定，宁可自己多花钱、少赚钱，也要请搬运工提前把床上用品全部帮学生搬上楼放进房间。这就避免家长、学生饱受排队和搬运的辛劳。我想，这就是把企业的行为之德落实在方便学生、家长身上的行为表现吧。

对于家庭贫苦的低保户和军烈属家庭学生，我们不收校服费和床上用品费，全部赠送。我想，这就是把企业的社会慈善之德付之于行动的表现吧。

三、立言

立言就是确立企业爱心文化、诚信文化，言必信，行必果，言行一致，内外一致。

我们的爱心文化是：**奉献爱心，让用户永远满意；担负责任，为和谐社会增彩**。

我们企业生产的校服都有最好的内在质量，并且在生产完成之后，每一件都要经过一台高速吹风机将校服上的灰尘和线头吹干净。

我们企业生产的“放心棉”棉被都采用新疆一级棉花为原料，用纯精棉做被套、枕套、垫套，而且在生产完成之后全部洗干净再高温整烫；我们企业生产的定型枕芯和床垫加放了薰衣草和香茅草。这些细节都展现了华强为学生着想的善良，把真爱付诸实际的行动，让学生真切地感受到爱的温暖，品味到善良的芬芳。

四、立规

立规，就是在企业内外设立让员工做好人的行为规范。核心是教育所有员工把使用华强产品的学生都当成是自己的儿女和家人来看待，用这样的心态去做人、做事。

五、立行

立行，就是设立一切以利他行为为价值准则后的实践。教育员工“先利人后利己”“利人一定利己，只利己不一定利人”。就是要让所有员工都明白国家价值高于企业集体价值、集体价值高于个人价值、他人价值高于自己价值的利他价值观念，并用这样的价值理念贯穿企业的一切行为。

我们企业生产的环保校服和“放心棉”棉被都是基于这样的价值理念去经营的。也就是说，我们生产的所有产品都是在顾及消费者利益和社会生态环境利益的前提下去计划、采购、生产、质检、定价、销售、服务的。这也叫作绿色营销。

我们在立志、立德、立言、立规、立行这一经营准则下，守信遵诺、重义，在经营中发展壮大；践行我们所言，实现我们所崇尚的道义，中间需我们坚持不懈地努力。我们坚持以“知”来指导“行为”，以“行”来检验“所知”，做到知行合一，理论联系实际。

第三章　创业平台构建

创业需要平台，如果单靠创业者自己找平台会比较辛苦。我在这里特别给所有想创业的人提供一些创业建议，并把我个人的创业培训、成功创业的经验，以及设立创业平台的设想跟大家分享。希望内容对大家有所帮助，对大家的创业能够起到借鉴作用。

第一节　创业建议

一、先就业后创业

如果你想自己创业并设定了目标，你在就业时就要刻意观察，留心学习，而且工作要比别人更加卖力，更加勤奋，最好能够在每一个部门都干一段时间。你还可以申请到其他部门去帮忙或争取与其他部门的领导、同事交朋友，从中有准备地学习。要自己创业，掌握市场非常关键，所以在就业时，最好能够掌握业务部的人脉资源，这样时机成熟，你就可以创业了。

自己创业的基本条件是：

1. 你是不是已经掌握了可靠的信息，熟悉了商品的生产与营销过程；通过产品供应你可以获得经营利润，通过产品服务你可以从中介机构获得服务收费。

2. 如果你有家庭资金支持、自有厂房或有租用场地，那么你就可以组织生产市场上销路可靠、有利润收入保证的产品，但一定要保质保量生产。

3. 如果你没有本钱资金怎么办？最好的办法就是帮别人推销，这种推销不是领工资的推销，而是与推销单位谈好价格，出去销售的价格由你定或双方协议，你收取差价。

我刚开始创业时是没有资金的，那时候工资收入很低，每个月只有四十二元。为了感恩父母，希望给父母建一幢房子，所以就向农场老蔡借一百元做路费，拿着工厂的塑料鞋去跑推销，结果一举成功。鞋的出厂价是五元钱一双，每双鞋工厂给我一元钱的差价，我自己负责路费和一切销售费用。结果我一个星期跑了十个单位，有九个单位与我签了合同，这些百货公司和供销社加起来要了五千双鞋。这样我就有了五千元的差价，除去一千多元的运费和几百元的其他费用，不到半个月我就赚了三千元。在半年时间，我总共帮潮阳贵屿的工厂推销了五货车的塑料鞋，一共赚了一万五千元。我给父母盖了一幢房子，用了一万二千元，剩下三千元给父母和兄弟做生活费用。一家人都非常开心，生活就此由贫困走上了小康，还被评为潮阳的文明家庭、模范家庭。

现在市场的竞争非常激烈，推销产品比较难，但是机会更多。现在大学生都有较高的文化，可以在第三产业发挥作用，如科技型服务、办公用品服务、网络服务。如果能够找到适销对路的产品去做异地推销、网络销售、微商销售等，效果会更好。

4. 在就业之时就有意识地与老板交朋友，借机承包单位的一些小项目。当然千万不要为了自己利益而去损害培养你的企业，这样是很不道德的，也阻断了自己的后路。你应该去开辟市场或给单位包销产品，少领或不领工资，这样就可以达到双赢的结果。

5. 就业时一定要寻找机会与成功人士或企业家、各行业的专家认识，尽量能够为他们做一些事情，比如为他们跑跑腿、做一些免费的服务，得到他们的赏识和信任之后，你就有了成功的翅膀和信息仓库，为你日后的创业创造条件。

诚实的态度，不占便宜的思想，有时也能获得机会。我 1995 年去泰国曼谷参加世界华商大会，其间认识一位潮汕的老乡，他说他刚创业之时，没有本钱，自己也没有什么文化，刚开始就去摆小摊卖牙签。有一天一个人来买他的牙签剔牙，这位顾客只用了一根，然后给了他一包的钱。我这位老乡连忙把钱还给他说：“先生，你才用了一根，送给你好了，我不好意思收你一包的钱。”那位先生一听，感慨还有这样的人，就把钱收起来，并问他：“每天卖牙签能赚钱吗？”我的老乡说：“勉强能糊口。”那位先生说：“别卖牙签了，我给你一个项目代理，不要你出本钱，一年赚几十万代理费是绝对没有问题的。”就因为一根牙签，我的老乡就获得了那个老板的信任，并得到了项目代理权。虽然免费送一根牙签是一件很小的事情，但它反映了我老乡的诚实与想他人之所想的人性光辉。小小一根牙签，价值微小到不值一提，却折射出了人的品质，并换取无量价值。正是由于他有这样的优秀品质，才获得了代理权并走上了成功之路。

二、毕业后直接创业

现在每年毕业生很多，就业结构不是很合理，所以很多大学生找自己理想的工作很难，怎么办呢？建议毕业生可以尝试直接创业，这里提几条建议供大家参考。

1. 如果你想毕业后直接创业，应该在在校的几年时间里就做好充分的准备，主要是找市场。我在大学读的是商业企业管理，我希望在毕业后能够自己独立创业，所以我在读大学期间利用了所有的周末、寒暑假及晚上的时间去跑百货公司。广东省的各大百货公司我都跑遍了，主要是帮同学的厂推销针织品。由此我积累了市场资源，为毕业后创业打下了良好的基础。后来因为学校想留住我，我也觉得应该回报学校，所以整整努力为学校工作了近十年。由于有了之前的积累，在“下海”风潮来到时，我“下海”办企业并取得了较大的成功。

2. 单枪匹马可不行。毕业前可以联络同学资源，比如可以联合学管理的、学市场营销的、学财务的、学技术的同学，大家组织起来联合创办公司。大家需要投资的是先租一个办公室而已。因为大家都是合作，都不用领工资，把这种合力用在找市场和经营上，比如可以承包会计事务所做账，可以做快递配送，可以承包一些较大公司的食堂管理、卫生管理、绿化管理、物业管理，等等。只要大家心齐并勇于吃苦，就能够开创出一片新天地来。

3. 大学生毕业后直接创业还有一个捷径是组织几个同学，和同学家人经营的企业做一些业务对接，不领工资直接帮助一些同学的家族企业提升产品品位、拓展市场、建立外延的业务承包体系。大家都是同学，有信任度，所以合作起来也较为方便。

4. 毕业后直接创业可以先从最小做起，比如格子铺之类的，这种创业形式租金低，可以积累经营经验；也可以开一个小型但很精美的饮食店，然后逐渐扩大。千万别说我读了这么多书，怎么开饮食店、开格子铺？其实开店不难，难的是要在提升店铺的品位上下功夫。

5. 可以办没有店面、没有办公地点的公司，还可以把住所作为办公地点，然后为各单位做送餐、劳务等各种服务，也可以开网店。只要勤动脑、勤动腿，相信没有什么能够难倒聪明而又智慧的你，只要你下定决心，理智分析，并付诸行动，成功将会属于你。

6. 可以充分利用现在发达的通信网络整合人脉资源及消费群体做微商，通过“互联网 + 实体体验店”的形式对产品资源进行网络营销。微商群直销这种途径也是创业者比较容易切入。

第二节　创业培训

为了帮助创业者减少失误，防止创业者误入歧途，同时防范风险、避免上当受骗，避免股东合作后的分歧与内讧，减少创业的摸索时间，我创办的广东华强职业培训学院为创业者设立了如下培训项目。

一、健康的人文精神培训

创业者要放下功利心态，专注于“我能够为消费者做些什么，而不是我能够从他们当中得到什么；他们有什么需求，我能够帮助他们解决什么问题”这些问题，提高创业者的人文素养。这是创业者的首要培训。

二、防范风险培训

（一）防范被骗培训

大学生创业者由于社会经验不足，有急于创业成功的冲动，所以比较容易听信他人所说的，这样就容易被骗。我们的防骗培训是把社会上形形色色的骗术布局让你明了，帮你打开思路，以多方面、多角度的思维去看问题，防止受骗上当。

（二）防范法律风险

法律风险是非常重要的，创业者从创业之初就必须有这样的风险意识。千万不要为了赚钱而跨越法律底线，一定要遵纪守法经营，文明健康经营。不要搞“擦边球”，不要欺瞒消费者。这样才能确保创业的安全性。如果不是这样，一旦跨越了法律底线被关进牢房，就算赚再多钱也没有了意义。如果跨越了道德底线，虽然逃脱了法律的制裁，你的心灵也会一辈子不安。

（三）防范内讧风险

找好合作伙伴非常重要。合作者往往能够共苦、不能同甘，在还没有赚钱时大家都专心于发展，一旦发展起来后大家的心反而不齐了，往往容易起内讧、闹分裂，最后两败俱伤。怎样防范这样的风险？我们帮创业者在创业之初就设定好发展起来之后的股权设定，以及各种情况的应对措施，让股东之间心安、心定。

（四）其他安全风险防范

包括消防安全防范、敌对安全防范、交通安全防范、保险安全防范等各种培训。

三、创业成功与失败案例培训

（一）创业成功样板培训

通过世界 500 强企业、百年老店、街边小店等不同类型的实体企业及互联网企业等社会各行业的典型企业的成功案例，对创业者进行培训，让他们能够学习成功企业的成功经验，有操作样板，有学习目标，从而获得创业的成功并能够持续发展。

（二）创业失败案例培训

让创业者从众多失败的创业案例中获得经验教训，找到了企业失败的根本原因，从而避免重蹈覆辙，规避经济损失及经营的诸多风险。

第三节　创业项目

我在广州帽峰山南端太和镇穗丰村的一千多亩地上准备开办国际养生基地，准备从这几个方面给大学毕业生和退伍军人构建创业基地。

一、高端的有机立体种植示范基地

组织现代有机种植、养殖中草药的农业专家，设立众多微型农场。每一个微型农场给一个创业团队作为示范立体农业种养创业基地，将来可以拷贝复制到全国。初步设想设立三百个微型农场，吸纳三百个创业团队。

这个立体种养示范基地主要是立体农业有机种养、水域养殖自然环保鱼、水边种中草鲜药、果林寄种铁皮石斛和瓜果、地面种植有机蔬菜等各种农作物。如果单一农业种植就会很难支撑，所以把农业种植作为高效立体农业示范，作为园艺农业种植、作为科普农业种植，就可以让微型农场有种植收益、观光收益、科普教育收益等多种收益。

二、有机食品的供销链

现在市场上想买到真正的有机安全食物很难，而采用激素催生、催长的动植物对人的健康都有伤害，特别是带有药物残留的植物，对人的健康伤害非常之大。怎样才能改变这种状况呢？必须先从食品安全着手。

我们先组织创业团队从吸纳需要安全食品、有机食品的会员入手，首批一万名会员，第二批十万名会员，第三批百万名会员。不断发展先订后产的产销系统，即先根据会员日常需求的食品，预计每年各个时段的食品需要量，然后根据需求量再开始生产。

由负责生产管理的众多创业团队做土壤研究、种苗筛选，保障有机种养时间、生产速度，设定求慢忌快原则，所有原料采用有机食材，所有肥料采用有机肥料，进行传统方式的生产，确保所有供应的食品安全健康、环保、有机营养。

设立创意营养搭配，根据各会员的身体状况由医学专家进行科学配食，并开出配食的食疗方，然后由配餐团队进行配送服务，让每个会员能够吃到最健康安全的有机食品。特别是能够根据自己的身体状况，吃到对自己的健康有利的配食，真正吃出健康，吃出快乐，吃出幸福。

三、中草鲜药的供应链

让学农业、林业、医药的学生设立种植创业团队，专门种植中草鲜药。

专门筛选十多种既经济又实用高功效的草药进行有机种植。如把白花蛇舌草、鱼腥草、铁皮石斛、板蓝根、金银花等中草药作为盆景种植，在每个盆的下方标明每盆草药的药性功能。会员可以订购这些盆景中草药，放于家里阳台上，平时当风景欣赏，也可以净化空气。特别是家庭成员身体有什么不适时，比如喉咙疼可以摘些白花蛇舌草煮水喝，感冒、发烧、拉肚子、长痘等都可以用相应的草药煮水喝来进行调理。

让学医学营销学的学生成立创业团队进行营销服务、插花草服务，把可治病的草药变成艺术品、欣赏品，还具有空气净化功能，特别是让其为调养身体健康发挥最大的边际效益。

四、农耕文化观光项目

把有机农业、立体农业、中草鲜药种植业，有机组合成一个观光农业。

让学文化、旅游、农业科技新技术的学生成立创业观光团队，组织家庭农耕游、发展亲子游，特别是到观光农业示范园学习了解农耕文化、现代农业文化，掌握养生常识，在农耕文化观光长廊、食疗长廊、健康养生长廊、康复运动长廊、中草鲜药长廊、垂钓长廊、农业园艺等长廊中去认知传统农业，去体验现代农业，去感悟健康农业，享受无限农耕乐趣，从而增长知识，强健康体魄，全方位地领略健康保健的重要性与未病先防理论的核心价值。

第四节　创业系统

传统的创业基本上都是一个团队在孤军奋战，产品设计、原料采购、生产流程、销售管理、售后服务等都是由一个企业自主完成，企业必须面面俱到，衔接一体。未来是多方合作的时代，是多个团队明确分工又紧密合作的时代，是相互链接的时代。那么，怎样链接？怎样紧密合作？最关键的就是要有一个紧贴市场、诚信度高的供应系统。

现在市场上最紧缺的是真正的绿色有机食物。按供求关系理论来讲，绿色有机食物紧缺，就该有人种植、养殖。但为什么很少有人选择种植、养殖这些有机食物呢？原因是缺少诚信体系。种植、养殖的生产者种养出来很好的有机食物，但由于成本高、价格高，他们很难卖出去，于是只能又退回到原先的种养方式上去，就是用含激素的肥料、饲料在很短时间内把产品种养出来，因为其产量高、周期短、价格低廉，可以在市场上很快销出去。殊不知，这样的食物对人的健康是有害的。

为了赚钱，有些农户自己种的准备卖的菜、养的鱼、养的猪、养的鸡自己都不吃。这样，市场就进入了一个恶性循环的互害怪圈。怎么办？为了人们能够吃出健康，我想出一个可以跳出这个互害怪圈的办法，即生产者、管理者、服务者与消费者的有机结合。这个难题的解决过程，给众多创业团队带来非常多的商机。

在这个解决方案中，有一个核心问题，就是让消费者相信我们种养的食物是有机环保的，也就是诚信的问题。如果我们种养出产品再卖，风险太大。那有没有什么办法呢？办法就是我们可以先订再产。这就是这一节的核心问题：产销系统的设立。

一、销售系统

设立众多创业销售团队，主要任务就是筛选中高端消费者，先登记预订，根据客人或单位、团体、宾馆、企事业单位食堂，特别是中高端收入的个人或家庭群体进行精准定制。

二、生产系统

生产研究专家团队对各地种养殖的环境、土壤、空气、水质、种苗、肥料进行健康科学的研究，筛选出有利于人们食用健康食物的最佳种养殖方案，并负责进行现场跟踪监控与技术指导。

（一）种养殖团队

根据专家的指令进行有机种植、养殖，关键是舍快求慢，有时间保障，比如养猪养一年。

（二）有机肥料、饲料的专门供应团队

比如用番薯、厚叶菜还有米糠果作为猪饲料等。

（三）检测团队

专门对各个生产团队的所有种植、养殖的产品进行全面安全的检测，从种养的种子开始一路跟踪检测，确保所有种养食品健康、安全、有机、环保。

三、供应系统

（一）营养研究专家团队

根据每一个预定会员的身体状况进行科学配食，制定出吃出健康的配食方案，按不同季节、不同情况适时调整食疗方案。

（二）配餐团队

根据营养专家的配餐方案进行分量组合；配备五星级厨师进行调味、调料的合理配食；以帮消费者节约花费为原则进行新鲜配食，比如，如果将一只鸡只卖给一个消费者，当餐可能吃不完，而且花钱多，如果把鸡分成四份并配上美味调料，每位消费者可以少花75%的钱，而且每一餐都能吃到新鲜美味的有机食物。

（三）配送服务团队

配备一流的仓储管理团队；配备专业、专心、守责的配送服务团队；配备用户收货后的跟踪服务与信息收集反馈的公关团队。

（四）财务管理系统

统一定价：定价原则是按照实际生产成本加60%定价。

分配原则：10%给营销系统，20%给生产系统，10%给供应系统，10%给经营管理系统，10%给财务税务系统。

各个团队的成本收益均在这一比例中获得，只要质和量上去了，各个团队都会产出较好收益。由于各个团队目标一致，互为关联，互相促进，这一系统能够自如地运转起来。这将可以创造成千上万个创业机会；可以给广大消费者提供看得见、摸得着的放心安全的有机健康食品；真正让他们吃出健康，可以减少国家医药费用开支，还可以为国家增加巨大的税利收益；可以让消费者、生产者、管理者、服务者形成一个真正的健康生态圈，并不断传播友善健康的理念；可以让国人健康起来，共同为实现中华民族伟大复兴的中国梦而努力奋斗。

一盏灯光微不足道，当你用它来点亮千万盏心灯的时候，大家都辉煌；

一句箴言微不足道，当你用它来开启千万颗心的时候，大家都安康；

一声祝福微不足道，当你真诚送给千万人的时候，大家都吉祥；

衷心祝愿广大读者朋友的人生辉煌、安康、幸福、吉祥。

本书到此就要结束了。停笔后，也无限彷徨，唯恐自己的笔触短小，无法表达我所要表达的思想内容。孔子说：“书不尽言，言不尽意。”也说出文字表达的不足。但是我仔细检读，觉得自己尽意、尽力了。能否给读者一捧阳光、一勺清泉都让我心有惶恐，惴惴不安。本书只能算是抛砖引玉，以此引来智者千块碧玉。愿一石击浪，涌起波涛。

让我们在中华文化的智慧和道义中，跋涉前进吧。为自我成长，为他人、为社会、为国家尽微薄之力，是我心之所愿。

谢谢你的斟读。

后记

好友们一直催促我出书，现在终于完成这部十多万字的书稿了。我深知出书是件好事，但也很慎重，因为文字担负着社会良知和责任，出书担负着自己的良心和道义。

在本书中，存在很多不足和不尽如人意的地方，诚请广大读者给予批评指正。只要亲爱的读者读完此书有所感悟，我对于读者的真心和希望得到回应，我写这本书就没有白费。

巴金说："人们为什么需要文学？需要它扫除我们心灵中的垃圾，需要它给我们带来希望，带来勇气，带来力量。"希望本书关于学业、就业、创业的论述，能帮助你在人生路上减少迷茫，带来勇气和力量，走得更加坚定。这便是我的幸福所在。

感谢身边给予我帮助的所有人，尽管难以一一写下你们的名字，但是生命中出现的每个人都需要感恩，感谢你们让我有了如此丰富的经历与感悟。

心在哪里，哪里就有风景；爱在哪里，哪里就有感动；志在哪里，哪里就有成功；梦在哪里，哪里就有未来。

衷心祝愿所有读者、就业者、创业者，无论在学业、就业，还是创业的道路上，都能永远顺利，不断从成功走向更大的成功，并且永远开心快乐、幸福安康。

读后记

一把开启“幸福密码”的金钥匙

——读陈进辉先生新作

我和陈进辉相识二十年了。在这二十年里，我见证了他为人、做事的方式，以及他的立业过程。每想起他的形象，脑海里总是闪出一副笑眯眯的脸庞和一双亲切明亮的眼睛。相信和他交往过的人，也一定有同感。这只是他给人的第一印象。深深与他结交和深读他的这本书，便能够感受到他的慈和善、豁达开朗、与人为亲、勤学敏思的胸襟和关注人生、关心家国的情怀。从学历角度讲，他高出我几个层次。但凡与他谈到读书、学问时，他总是那么恭谦，给人以足够的尊重。我能对他的著作有先睹为快之幸运，不能不写几行读后之感言。

我有一位饱读诗书又成为北京中医研究所所长和望诊专家的朋友，他叫杜仲成。每逢和他聊到进辉先生时，他总是赞赏有加。以杜教授身处京城、阅人无数的眼光，他对进辉先生的倾慕，说明必有其能服人的道理和深刻的感慨。进辉先生数十年如一日，以道义为重，确实难能可贵。这才是杜教授判断之实据。

从中华文化道德去衡量成功人士，以儒商“三立”的标准来谈，进辉先生已无愧了。但是他还以高度责任感在从商之余、百忙之中挤出时间执笔著书，为大学、职业院校学生及社会就业、创业者撰写带有十分关爱又真切细致的指导类书籍，以其奋斗、立业、成功的过程所涉及的问题一一作为例言，常有针对性地写书警示世人，可谓“阅历半生，一本托出”，真浑然赤子之心也。作者这种正义心、慈善心、责任心，在书中字里行间透出一股正能量，打动人心，让人不禁前后细细嚼读，犹如春风拂面。

“文章千古事”，“纵横写春秋”。古人崇尚“太上立德，其次立言”。我敢肯定，作者著书“不为稻粱谋”，更不是“沽名钓誉”。名利于其足矣，此般实为一种人生责任感的驱使。乡村改革探索人兼带头实践的大成者晏阳初先生常常讲，影响他的一生的是：“来自远古儒家民本思想、来自古代传教士的榜样、来自四海的民间疾苦和智慧。”我忖度作者不是精研文史的学者，但其心里深藏着对人仁慈、广博的爱，对社会殷勤的热忱，对人间疾苦的悬心，对家邦的忧患心肠，如此等致使他胸襟流淌着这种打着中华烙印的人文精神。他道德度量里蕴藏着一把善与恶的尺度，才让他不辞辛苦，放下商务及休闲的享乐奋笔疾书，把听来的、读识的、经历的、感悟的熔为一炉，用道白又深情的笔墨写出来，不仅让人有石头可摸，有拐杖可扶，甚至有舟楫、桥梁可飞渡到成功之彼岸。篇章结构、方法及形式已显得不那么重要了。进辉先生遵循传统道德，以最实用的角度去写，其实就是谱写正义的文化，耕耘忠孝之道德，宣扬正直人生，余响于世上。这就是中华士风之突显。其技罢、术罢、道罢已升华到儒商、哲商、佛商的高度了。

生活本身的动力是奇妙、巨大的。进辉先生写这本书的动力大概就是他口头常说的感恩。书中虽然没有更多美丽的辞藻，没有高亢的口号，却有真切的情景，有真挚的感情。书本身的理念也是作者的立世观，文章显现出作者的品格上位、道德坐标。因为他的人生之路始终沿着圣贤教导、中华道德基石所铺设的正直阶梯艰难而幸福地登攀，所以他有意无意间就"人生如何才能幸福"完成了一份"厚重的作业"。我认为进辉先生曾千万次把最高道德放在一个准稳的天平上去称量，他才会坚守做人的尊严和人生的价值。

生命是神圣、美丽的，这种神圣和美丽是宇宙的禀赋，是父母生命的意志，是个体生命的希冀。进辉先生多次强调生命的意义和价值，他这种仁心仁术，无疑是对中华文化道统的谙习、理解、阐释与实践。历史上有一个"士"的阶层，他们珍惜国故、维护道统、关心天下、传递薪火。受儒、释、道的精华所浸润的人，自然蕴含"士"的品格。芸芸众生都有生命的自由，大千世界才能有千姿百态、美丽自由的景象。对待生命的态度，可以看作一个民族、国家、社会文明的标杆。同理言之，人是社会的一分子，因此衡量一个人的道德水平，依然是看他对待生命的态度。我对进辉先生著书立说的高度肯定，可以浅表在几句诗里：

文章犁笔培苗华，吟咏无端虑邦家。

万般块垒一页志，劳息千秋问酒茶。

在当今这个大时代中，我们都是小人物。初以为我们可以选择社会环境，但最终还是被社会环境选择，没有任何退路。在金钱、美色、权力、显位面前谁人都难以无视而过。怎么选择、怎么面对方显英雄本色。可是英雄只管天下人，却管不好自己。只有圣贤能管住自己。人们就是用圣贤的道统管理天下的，所以五千年中华只亡朝代不亡中国。人要靠一种信仰来支撑自己一生的奋进之路。这种信仰就来源于以孔孟之道为代表的中华道德所略示的“忠孝仁义礼智信”之万古信条。

在一次北京民间智慧碰撞活动中，我作为岭南学者答众人“当今世界该怎样用简洁的话来概括做人”之问。我用六句话来概括：“有诗人的怀抱，情感才能升华。有哲学家的胸襟，思想才能升华。有宗教士的器宇，灵魂才能升华。有天人合一观，境界才能升华。有善良心地，福德才能圆满。有家国肝胆，品格才算高尚。”他的人生理念与上面六句话暗合，真是一种中华文化之缘啊。

本书洋洋十万余言，简单地说，只围绕“做人”二字，一个做怎样的“人”字，如何做好人的一个“做”字。世界进入了新的世纪，科技极大发展，物质极为丰富，一切人类的文明都有极大进步。我们有理由像进辉先生所谆谆告诫的那样：珍惜生命、丰富人生、维系人的生存自由，才能无愧于人。上天好生之德，简而言之，千言万语，只从生命角度去审视一切就足够了。不管什么人，说得多么富丽堂皇，对于生命而言，只有一个尺度——爱。如果能用爱去爱自己、爱他人，社会就和谐。“老吾老以及人之老，幼吾幼以及人之幼。”人人都献出爱，中国梦才会走出虚幻的梦境，实现人人都有出彩的机会，拥有自由幸福的人生，世界才属于我们。

末了，用一段长短句来结束读后感言，以示敬：

大吕鸣钟镗，自然无尽藏。

忠孝仁义家国事，文经武纬育柔刚。

儒、释、道统培才德，真、善、美好合阴阳。

循环永无疆。

张五凡

于岭南晋谷人书堂